地球大数据科学论丛　　郭华东　总主编

时序对地观测大数据
土地覆盖制图

黄　翀　等　著

科学出版社

北　京

内 容 简 介

随着空间科技的飞速发展，多时空对地观测数据更易获取，遥感数据的时间分辨率显著提高，多时相乃至稠密时间序列遥感数据正以前所未有的规模和速度产生，基于时序遥感大数据的土地覆盖分类与变化检测研究越来越流行。本书以多云多雨的中南半岛为主要研究区，对面向土地覆盖信息提取的遥感大数据时间序列挖掘技术与方法进行了探索。主要研究内容包括：遥感时间序列分析中的影像云污染处理、遥感时间序列相似性度量、时间序列遥感统计特征挖掘、时间序列遥感深度学习分类，以及基于子序列的时间序列变化检测。

本书可供地理学、生态学、遥感、测绘及相关专业的研究人员，相关政府部门的管理者、高校研究生阅读和参考。

审图号：GS 京 (2022) 0624 号

图书在版编目 (CIP) 数据

时序对地观测大数据土地覆盖制图/黄翀等著. —北京：科学出版社，2023.3

（地球大数据科学论丛 / 郭华东总主编）

ISBN 978-7-03-073414-3

Ⅰ. ①时⋯ Ⅱ. ①黄⋯ Ⅲ. ①大地测量-数据处理-制图 Ⅳ. ①P22

中国版本图书馆 CIP 数据核字 (2022) 第 189496 号

责任编辑：朱 丽 董 墨 白 丹/责任校对：郝甜甜
责任印制：吴兆东/封面设计：蓝正设计

科 学 出 版 社 出版

北京东黄城根北街 16 号
邮政编码：100717
http://www.sciencep.com

北京中科印刷有限公司 印刷

科学出版社发行 各地新华书店经销
*
2023 年 3 月第 一 版 开本：720×1000 B5
2023 年 3 月第一次印刷 印张：14 1/2

字数：290 000

定价：139.00 元
（如有印装质量问题，我社负责调换）

"地球大数据科学论丛" 序

　　第二次工业革命的爆发，导致以文字为载体的数据量约每 10 年翻一番；从工业化时代进入信息化时代，数据量每 3 年翻一番。近年来，新一轮信息技术革命与人类社会活动交汇融合，半结构化、非结构化数据大量涌现，数据的产生已不受时间和空间的限制，引发了数据爆炸式增长，数据类型繁多且复杂，已经超越了传统数据管理系统和处理模式的能力范围，人类正在开启大数据时代新航程。

　　当前，大数据已成为知识经济时代的战略高地，是国家和全球的新型战略资源。作为大数据重要组成部分的地球大数据，正成为地球科学一个新的领域前沿。地球大数据是基于对地观测数据又不唯对地观测数据的、具有空间属性的地球科学领域的大数据，主要产生于具有空间属性的大型科学实验装置、探测设备、传感器、社会经济观测及计算机模拟过程中，其一方面具有海量、多源、异构、多时相、多尺度、非平稳等大数据的一般性质，另一方面具有很强的时空关联和物理关联，具有数据生成方法和来源的可控性。

　　地球大数据科学是自然科学、社会科学和工程学交叉融合的产物，基于地球大数据分析来系统研究地球系统的关联和耦合，即综合应用大数据、人工智能和云计算，将地球作为一个整体进行观测和研究，理解地球自然系统与人类社会系统间复杂的交互作用和发展演进过程，可为实现联合国可持续发展目标(SDGs)做出重要贡献。

　　中国科学院充分认识到地球大数据的重要性，2018 年年初设立了 A 类战略性先导科技专项"地球大数据科学工程"(CASEarth)，系统开展地球大数据理论、技术与应用研究。CASEarth 旨在促进和加速从单纯的地球数据系统和数据共享到数字地球数据集成系统的转变，促进全球范围内的数据、知识和经验分享，为科学发现、决策支持、知识传播提供支撑，为全球跨领域、跨学科协作提供解决方案。

　　在资源日益短缺、环境不断恶化的背景下，人口、资源、环境和经济发展的矛盾凸显，可持续发展已经成为世界各国和联合国的共识。要实施可持续发展战略，保障人口、社会、资源、环境、经济的持续健康发展，可持续发展的能力建设至关重要。必须认识到这是一个地球空间、社会空间和知识空间的巨型复杂系统，亟须战略体系、新型机制、理论方法支撑来调查、分析、评估和决策。

一门独立的学科，必须能够开展深层次的、系统性的、能解决现实问题的探究，以及在此探究过程中形成系统的知识体系。地球大数据就是以数字化手段连接地球空间、社会空间和知识空间，构建一个数字化的信息框架，以复杂系统的思维方式，综合利用泛在感知、新一代空间信息基础设施技术、高性能计算、数据挖掘与人工智能、可视化与虚拟现实、数字孪生、区块链等技术方法，解决地球可持续发展问题。

"地球大数据科学论丛"是国内外首套系统总结地球大数据的专业论丛，将从理论研究、方法分析、技术探索以及应用实践等方面全面阐述地球大数据的研究进展。

地球大数据科学是一门年轻的学科，其发展未有穷期。感谢广大读者和学者对本论丛的关注，欢迎大家对本论丛提出批评与建议，携手建设在地球科学、空间科学和信息科学基础上发展起来的前沿交叉学科——地球大数据科学。让大数据之光照亮世界，让地球科学服务于人类可持续发展。

郭华东

中国科学院院士

地球大数据科学工程专项负责人

2020 年 12 月

地表覆盖及其变化反映着人类与自然相互作用、地表水热和物质平衡、生物地球化学循环等过程，是全球环境变化研究、地理世情监测、可持续发展规划等不可或缺的基础信息和关键参量。自 20 世纪 70 年代以来，人们利用卫星对地观测手段，快速、宏观、动态地获取地表覆盖特征，为全球和区域尺度的地表覆盖监测提供了重要支撑。早期的地表覆盖制图多采用单个传感器在特定时间获取的遥感数据，以光谱和空间属性为主要分类特征，对时间特征关注较少。近年来，空间科技飞速发展，执行不同对地观测任务的多种遥感平台，从微纳卫星到星座组网到低空无人机等，在多个尺度上为人类提供了高频次的时间序列地球观测数据，使得我们有机会同时从多时空维度上刻画地物特征，以满足更精细的地表覆盖监测需求。与此同时，多模态、高维度、多尺度的时间序列遥感大数据集也面临着海量数据处理与分析方法的巨大挑战，如时空谱一致的无缝数据堆栈构建、地表覆盖变化的时空知识与规律挖掘、多源数据的时空协同应用等。

该书以多源、时间密集对地观测数据为基础，运用大数据思维与手段，研究解决地表覆盖遥感时间序列分析的关键问题，在数据降噪与重建、时空数据融合、时间序列挖掘与分类等方面进行了有益的探索。其既借鉴了数据挖掘领域的时序相似性度量技术，也发展了时间序列机器学习和深度学习分类方法；既涵盖了综合的地表覆盖分类制图，也包括了针对耕地、作物、林地、不透水面等专题信息的提取。研究表明，应用时间序列遥感数据蕴含的多尺度时态维信息，在年内尺度上，可以较好地降低不同时相植被物候的影响，从而消除季节因素引起的伪变化，一定程度上解决地表覆盖分类中的同谱异物、同物异谱难题；在年际尺度上，通过时间序列的连续变化建模，可以有效地捕捉到地物长期变化趋势或突变，进而发现地表覆盖的时间演变特征与规律。

该书是一部面向基于遥感时序大数据挖掘的地表覆盖监测与制图研究的专著，以地表覆盖的时间维特征挖掘为着力点，构建了一套时间序列遥感数据处理与分析技术方法，反映了该领域最新研究进展，对于深入理解地表覆盖动态特征与时间序列遥感探测机理、推动区域或全球尺度的地表覆盖监测与全球变化研究有着重要的应用价值。

中国工程院院士

自然资源部国家基础地理信息中心教授

2022 年 8 月 1 日

前　　言

　　20 世纪 80 年代，美国国家海洋和大气管理局(NOAA)气象卫星上搭载的先进甚高分辨率辐射仪(AVHRR)影像开始应用于全球土地覆盖制图。由于 NOAA 气象卫星的高重访特点，其频繁的数据获取为开展密集时间序列遥感分析与制图提供了可能。然而，考虑到 AVHRR 影像的低空间分辨率，对 AVHRR 时间序列数据的应用主要集中在大尺度(包括国家、大陆至全球)土地覆盖制图和植被物候动态研究上。20 世纪 90 年代末，美国地球观测系统(EOS)计划 Terra 卫星(以及后来的 Aqua 卫星)搭载的中分辨率成像光谱仪(MODIS)在光谱、空间、几何和辐射属性上都得到显著改善，基于时间序列 MODIS 影像的地表覆盖分析与制图迅速成为研究热点。迄今为止，在时间序列遥感分析研究中，MODIS 数据的使用最为广泛。然而，考虑到人类大多数土地利用活动及其所引起的地表变化特点，MODIS 影像仍不足以反映土地覆盖的详细信息。众所周知，30m 空间分辨率的美国陆地卫星 Landsat TM/ETM+/OLI 影像是中等尺度土地覆盖制图的优先选择。但受数据获取频率与分发政策限制，2008 年之前 Landsat 数据很少被用于密集的时间序列分析研究。随着数据存储成本的急剧下降，计算能力的大幅提高，尤其是 2008 年 Landsat 全球档案整合(LGAC)计划的实施，Landsat 全部存档数据可以免费获取，基于长时间序列 Landsat 数据的分析应用自此开始兴起。近年来，欧盟 Sentinel 星座卫星不断升空，其卓越的影像质量及免费数据获取政策推动了基于高时空分辨率遥感序列分析技术与应用研究迎来热潮。

　　本书以多云多雨、下垫面变化复杂的东南亚中南半岛为主要研究区，对遥感对地观测大数据时间序列挖掘技术与土地覆盖信息提取方法进行了探索。中南半岛大部分地区处于热带季风区，雨季漫长，云覆盖严重，即便是全年，所能获得的高质量无云影像也很有限。同时，由于光热充沛，自然植被全年生长旺盛，而栽培作物则种植时间灵活，没有固定的生长季节，这导致单景影像上"同物异谱"和"同谱异物"混淆现象严重。充分挖掘遥感时间序列大数据的时-空-谱特征，是改善不同尺度土地覆盖信息提取精度的重要途径。

　　由于不同遥感数据源在时间、空间和光谱分辨率上的差异，遥感大数据时间序列分析方法与应用也各有特点。全书共分为 12 个章节。

　　第 1 章介绍了近30年来遥感时间序列分析研究中数据源的发展以及面向土地

覆盖信息提取的遥感时间序列挖掘与分类技术进展(由黄翀撰写)。

第 2 章和第 3 章研究了遥感时间序列分析中的影像云污染处理问题。其中，第 2 章提出了一种针对 Landsat 影像简单快速的云影检测方法，提高云影识别的精度(由王蔷、黄翀撰写)；第 3 章提出了一种时序滤波和替换相结合的方法，对 MODIS 时间序列数据进行降噪处理(由管续栋、黄翀撰写)。

第 4~6 章研究了基于相似性度量的遥感时间序列挖掘技术及其在土地覆盖分类中的应用。其中，第 4 章利用动态时间规整(DTW)距离对序列相似性进行度量，从而对不同土地覆盖类型进行识别(由管续栋、黄翀撰写)；第 5 章提出了一种开放边界局部加权动态时间规整(OLWDTW)方法，通过增加作物生长期权重，以提高耕地的识别精度(由管续栋、刘高焕、黄翀撰写)；第 6 章针对 MODIS 或 Landsat 单一数据源在时间和空间分辨率上难以兼顾的问题，提出了一种时空信息融合方法，实现 MODIS 数据时间维信息与 Landsat 数据空间维信息在决策级的融合，进一步提高土地覆盖分类精度(由管续栋、黄翀、刘高焕撰写)。

第 7~10 章研究了基于时序统计特征的遥感时间序列挖掘技术及其在不同土地覆盖专题信息提取中的应用。其中，第 7 章提出了一种将单景 Sentinel-2 影像光谱、纹理特征与时间序列 Sentinel-2 影像统计特征相结合的土地覆盖分类技术(由何云、张晨晨、黄翀撰写)；第 8 章提出了一种融合时间序列 Sentinel-1 合成孔径雷达(SAR)影像统计特征与时序相似性特征的水稻种植信息提取方法(由许照鑫、张晨晨、黄翀撰写)；第 9 章协同 Sentinel-1 与 Sentinel-2 时序统计特征进行城市不透水面信息提取(由张晨晨、黄翀、李贺撰写)；第 10 章融合 Sentinel-1 SAR 时序统计特征与 Sentinel-2 光学特征，对橡胶林种植格局进行识别(由张晨晨、黄翀、苏奋振撰写)。

第 11 章研究了基于深度学习的时间序列遥感分类技术。利用时间序列 Sentinel-2 数据探究了双向长短时记忆网络模型在作物精细分类与早期识别中的应用潜力(由侯相君、黄翀、李贺撰写)。

第 12 章研究了基于 shapelets 的时间序列变化检测技术。利用长时间序列 Landsat 数据对橡胶林种植年份和干扰类型进行时空连续检测(由张晨晨、黄翀、李贺撰写)。

本书的研究工作得到了中国科学院战略性先导科技专项(A 类)"地球大数据科学工程"项目六"三维信息海洋"课题三"南海岛礁与周边资源环境信息系统"的资助。全书由黄翀、苏奋振、刘高焕提出总体内容框架和技术研发思路，并由黄翀、张晨晨、肖朝亮、李贺等完成统稿与修订。本书的相关研究得到项目六"三维信息海洋"专家组的指导，也离不开项目组杨晓梅、王志华、付东杰、田新朋、颜凤芹、肖寒等的讨论和思想贡献。在成书阶段，国家基础地理信息中心陈军院士和首都师范大学王艳慧教授提出了许多宝贵的修改意见，特别感谢陈军院士百忙之中为本书作序！本书的出版得到"地球大数据科学论丛"的资助。支持和指导我们研究工作的专家学者还有很多，在此一并致谢！

遥感对地观测大数据时间序列分析技术与应用研究发展非常迅速，本书力求进行系统反映，但限于水平，书中难免存在不足和疏漏之处，恳请读者批评指正。

黄　翀

2022 年 9 月 9 日

目　　录

第 1 章

引　言

　　土地覆盖是指地球表面的物理和生物覆盖，包括水体、植被、裸土、湿地、雪/冰和人工表面等。土地覆盖格局反映了自然和社会过程。对土地覆盖进行可靠的监测制图对于了解气候变化及其影响、管理自然资源、保护生物多样性和提高对生态系统的科学认识至关重要(Gong et al., 2013; Herold et al., 2008; Liang, 2008; Running, 2008)。20 世纪 70 年代以来，遥感以其快速获取大尺度地表空间信息的能力，成为土地覆盖监测制图的重要手段(Chen et al., 2015; DeFries and Townshend, 1994; Hansen et al., 2013; Loveland et al., 2000)。早期的土地覆盖制图研究多采用单个传感器在特定时间获取的遥感数据，以光谱和空间属性为主要分类特征。由于缺乏高频率获取的时间序列遥感数据，时间特征受到的关注较少。自 20 世纪 80 年代以来，随着多时空遥感数据的更易获取，遥感数据的维度迅速增加，不仅空间分辨率和光谱分辨率得到显著提高，在时间分辨率上，多时相乃至稠密时间序列遥感数据正以前所未有的规模和速度产生。尤其是近年来以哥白尼计划(Copernicus Programme)为代表的系列卫星星座的成功实践，使得同时具有广覆盖、高空间和高时间分辨率特点的多模态卫星数据得到广泛应用，遥感已进入大数据时代，利用遥感大数据挖掘土地覆盖的时间维信息并将其用于指导土地覆盖分类和变化检测研究越来越流行。由于遥感大数据来源多样，信息挖掘与分类技术特点也不相同，本章对书中涉及的遥感大数据及时态维信息挖掘技术进展做一简要介绍。

1.1　时间序列遥感数据源的发展

　　利用卫星数据进行全球、大陆和区域土地覆盖制图研究早已开展(DeFries and Townshend, 1994; Loveland et al., 1991; Townshend et al., 1987; Tucker et al., 1985)。早期受数据获取限制，多采用单景或少数几期遥感影像进行土地覆盖信息提取。

自 20 世纪 80 年代以来，粗空间分辨率、高时间分辨率、广覆盖的光学卫星数据获取与处理技术的发展，使得基于时间序列遥感的土地覆盖信息提取成为可能，有力地推动了全球或大陆尺度的土地覆盖分类与制图的发展。

时间序列遥感数据的早期应用以美国国家海洋和大气管理局（NOAA）系列气象卫星上搭载的先进甚高分辨率辐射仪（AVHRR）图像为代表。NOAA 气象卫星采用双星运行，同一地区每天有四次过境机会。AVHRR 是一种五光谱通道的扫描辐射仪，星下点分辨率为 1.1km。AVHRR 的主要优势是其能够对大面积地理区域进行频繁的数据获取，从而有更多机会在地表植被的重要物候阶段获得无云数据（Justice et al., 1985, 1991; Loveland et al., 1991; Reed et al., 1994;Townshend et al., 1987; Townshend and Justice, 1986; Tucker et al., 1985）。但早期的 AVHRR 数据缺乏精确的校准，几何校正误差较大，以及云层识别的困难，导致了高水平的噪声（Goward et al., 1991）。此外，由于 AVHRR 不是为陆地应用而设计的，因此五个光谱通道的信息应用于植被监测或土地覆盖制图还存在一定的限制。虽然后来的其他卫星传感器提供了更高质量的数据，但与 AVHRR 相比，它们的数据获取记录相对较短。因此，对于长期地表变化过程分析而言，AVHRR 仍然是一个宝贵的、不可替代的地表历史信息记录档案。欧盟 SPOT-4 VEGETATION（VGT）是另一种较常用的高重访、粗空间分辨率卫星数据，其从 1998 年 4 月开始接收数据并被应用于区域到全球尺度的植被动态监测及土地覆盖制图（Boles et al., 2004; Lhermitte et al., 2008; Verbesselt et al., 2007; Xiao et al., 2002）。相比于 AVHRR 扫描阵列，VGT 的设计在空间分辨率保真方面更优，且具有更好的定位和辐射灵敏度（Gobron et al., 2000）。

中分辨率成像光谱仪（MODIS）是搭载在美国地球观测系统（EOS）计划中 Terra（1999 年发射）和 Aqua（2002 年发射）两颗卫星上的用于观测全球生物和物理过程的主要传感器。相较于 NOAA AVHRR 和 SPOT VEGETATION，MODIS 传感器在光谱、空间、几何和辐射属性上都有很大提高，尤其是计算归一化植被指数（normalized differential vegetation index, NDVI）所需的红光和近红外波段的带宽和光谱响应得到显著改善。MODIS 具有 36 个光谱波段（0.25～1μm），每 1～2 天对地球表面观测一次。MODIS 传感器前 7 个波段集中于陆地观测，在可见光和近红外波段具有 250 m 和 500 m 两种空间分辨率。时间序列 MODIS 数据可以生成 8 天、16 天和月度间隔的植被指数（VI）产品，为基于时间序列遥感的土地覆盖变化监测与制图提供了坚实的基础（Hansen et al., 2002）。迄今为止，在时间序列遥感应用分析研究中，MODIS 数据的使用最为广泛（Friedl et al., 2002）。然而，MODIS 数据的空间分辨率较低，难以捕捉中小尺度土地覆盖变化的细节信息。

众所周知，类似 Landsat 的 30 m 空间分辨率的遥感数据是获取精细土地覆盖图的最适宜选择(Chen and Chen, 2018)。Landsat 系列卫星是由美国国家航空航天局(NASA)和美国地质调查局(USGS)共同管理的陆地资源卫星。Landsat 卫星的轨道设计为与太阳同步的近极地圆形轨道,以确保北半球中纬度地区获得中等太阳高度角(25°~30°)的上午成像,而且卫星以同一地方时、同一方向通过同一地点,保证遥感观测条件的基本一致,利于图像的对比。Landsat TM/ETM+/OLI 多光谱传感器空间分辨率为 30 m,每 16 天重复覆盖一次。Landsat 卫星数据的应用可以追溯到 20 世纪 70 年代,该卫星保持了迄今为止对地球表面动态最长时间的连续、一致的天基观测记录(Roy et al., 2010)。经过近 50 年的连续观测,Landsat 丰富的存档影像提供了一个了解地表历史的窗口。但在 2008 年之前,Landsat 数据很少被用于密集的时间序列分析研究中。其主要原因包括,低重访周期,云层、云影和其他不良大气造成的影像质量影响,系列卫星在传感器的光谱和空间特征上的一致性问题,以及数据分发限制等(Vogelmann et al., 2016)。2008 年,对整个 Landsat 存档数据的免费访问从根本上改变了 Landsat 数据的使用方式(Woodcock et al., 2008; Wulder et al., 2012)。同时,技术、方法和工具方面的进展(Roy et al., 2010)使集成和分析 Landsat 数据时间序列变得更加容易(Hansen et al., 2011),从而使得基于 Landsat 时间序列分析成为可能。鉴于一年内 Landsat 可用卫星影像较少,难以支撑快速地表变化的年内时间序列分析,如植被物候识别,当前对 Landsat 的时间序列分析多是利用多年获取图像的联合分析,应用上主要集中在年际间的土地覆盖变化检测与分类(Verbesselt et al., 2012; Zhu and Woodcock, 2014)。

近年来,欧洲航天局(ESA)在哥白尼计划框架下发射的光学/雷达组合的 Sentinel 系列卫星以前所未有的空间-时间-光谱分辨率对陆地、海洋和大气进行监测(Drusch et al., 2012),同时,免费数据分发策略催生了多领域的时间序列遥感分析应用。Sentinel-1 是由搭载 C 波段 SAR 传感器的两颗卫星组成的卫星星座。Sentinel-1A 于 2014 年 4 月 3 日发射,Sentinel-1B 于 2016 年 4 月 25 日发射,可在任何天气条件下提供具有双重极化能力的 SAR 遥感影像。两颗卫星位于同一个轨道平面的两端,单星重访周期为 12 天,双星同时运行重访周期缩短为 6 天。Sentinel-1 具有 4 种不同的成像模式:条带模式(stripmap model,SM)、干涉宽幅(interferometric wide swath,IW)模式、超宽幅(extra-wide swath,EW)模式和波模式(wave mode,WM)。其中,IW 模式因其覆盖范围大、分辨率适中,从而成为 Sentinel-1 卫星对地观测的主要工作模式。Sentinel-2 也由两颗完全相同的卫星组成。Sentinel-2A 与 Sentinel-2B 分别于 2015 年 6 月 23 日和 2017 年 3 月 7 日发射升空。每个卫星都搭载了一台高分辨率多光谱成像仪(MSI),幅宽达 290 km,具有 13 个光谱波段,覆盖可见光、近红外、短波红外波谱范围,包括 10 m 空间分辨率的 3 个可见光波段和 1 个近红外波段,20 m 空间分辨率的 3 个红边波段、1

个近红外波段和 2 个短波红外波段，以及 60 m 空间分辨率的海岸/气溶胶、水汽和卷积云波段。Sentinel-2A 是首颗包含 3 个"红边"波段的光学对地观测卫星，该波段可以提供有关植被状态的关键信息。两颗卫星处在同一轨道，相位差 180°。单颗卫星的重访周期为 10 天，两星同时运行每 5 天可完成一次对地球赤道地区的完整成像，而对于纬度较高的地区，这一周期仅需 3 天。以 Sentinel-1 和 Sentinel-2 为代表的高时空分辨率影像为不同尺度的快速地表变化监测和土地覆盖制图提供了新的机会。Sentinel 时间序列影像已在草地监测(Rapinel et al., 2019; Shoko and Mutanga, 2017)、树种制图(Immitzer et al., 2016)、农作物分类(Belgiu and Csillik, 2018; Inglada et al., 2016; Sicre et al., 2016; Vuolo et al., 2018; Waldhoff et al., 2017)等方面得到深入应用。

1.2 遥感时间序列分类

在传统的基于时间序列遥感的土地覆盖制图中，最常见的方法是按时间序列堆叠多时空图像，直接使用分类器对原始多时空图像进行分类(Inglada et al., 2017)。使用这种方法的前提假设是默认时间序列影像中像素的光谱值在时间上是相互独立的，图像呈现的时间顺序对结果没有影响，忽略了数据中可能发现的任何时间依赖(Belgiu and Csillik, 2018; Ienco et al., 2017; Pelletier et al., 2019)。这种情况下，对于随时间变化的类别，如受季节变化影响的植被生长过程，时间行为没有得到很好的利用。随着遥感大数据分析技术的快速发展，越来越多的研究表明，从时间序列遥感数据中挖掘结构化时间信息对于提高土地覆盖分类具有极大的潜力。基于结构化时间信息挖掘的土地覆盖分类技术大致可以分为三类：①基于时序相似性的挖掘与分类；②基于时序统计特征的挖掘与分类；③基于端到端的深度学习分类。

1.2.1 基于时序相似性的挖掘与分类

在时间序列遥感影像堆栈中，每个像元都包含一系列带有时间戳的光谱值，构成具有各自演化特征的时间序列曲线。通过对序列曲线整体形态的相似性比较，来衡量两个时间序列曲线之间的(不)相似程度，进而对序列曲线进行分类。相似性通常用两个序列之间的距离来衡量(Bagnall et al., 2017)。如果两个序列代表相似的演化行为，那么它们的距离应该是接近的。

数据挖掘领域有多种不同形式的距离度量，最常用的距离度量是欧氏距离。Keogh 和 Kasetty (2003)表明，当在时间序列上应用 1-NN 分类器时，与其他更复杂的相似性措施相比，欧氏距离在准确性方面具有令人惊讶的竞争力。虽然欧氏距离在数学上很简单，但也有一定的局限性，没有考虑数据集中方差的非平稳性(Mimmack et al., 2001)。因此，具有最大方差的观测值(如果没有标准化)将占主导地位，因为它们对相似性的贡献更大(Jain et al., 1999)。此外，欧氏距离属于锁步(lock-step)度量，对时间维度的偏移很敏感。DTW 距离算法是一种计算两条时间序列曲线之间最小距离的动态规划算法，其最早应用于语音识别。DTW 距离算法能够通过时间错位，将一个序列与另一个序列重新对齐，以达到最佳全局对齐效果。通过这种方式解决了欧氏距离无法捕捉到具有时间偏移的序列相似性问题(Guan et al., 2016; Petitjean et al., 2012)。欧氏距离和 DTW 距离算法对时序曲线上的少数点差异性非常敏感，如果两个时间序列在大多数时间段具有相似的形态，仅在很短的时间具有一定的差异，那么在应用欧氏距离或 DTW 距离时，这很小的差异也会对相似性度量产生影响，进而无法准确衡量这两个时间序列的相似度。最长子序列(LCSS)算法能处理这种问题。LCSS 算法可以计算两个序列之间的最长公共子序列。然而，遥感应用分析中，公共子序列的长度难以定义(Petitjean et al., 2012)。编辑距离(或称 Levenshtein 距离)是一个度量两个字符序列之间差异的字符串度量标准，改进后的编辑距离也可以计算数值序列的相似度，但编辑距离对噪声点敏感，并且其实现需要一个由专家定义的相似度矩阵，这使得它难以应用于遥感时间序列分析。

衡量时序相似性的另外一个指标是时序相关性(相关系数)。最著名的相关度量是皮尔逊交叉相关(Pearson's cross-correlation, CC) (Liao, 2005)，它被定义为时间序列间的线性关系程度。由于 CC 是对时间序列之间的线性关系的度量，并不评估时间序列值的差异，因此振幅缩放或平移不会影响 CC(Geerken et al., 2005)。

基于时序相似性分类方法对目标对象与已知(参考)类别的时间序列曲线的相似性进行度量之后，利用简单的阈值分割或一些现有的分类方法，如 K 近邻分类器(K-NN)或支持向量机(SVM)进行分类。

1.2.2 基于时序统计特征的挖掘与分类

基于时序统计特征的分类方法通过特征选择将序列转化为时间特征向量，然后将其输入分类算法(Walker et al., 2015; You and Dong, 2020; Zhong et al., 2014)。从遥感时间序列中挖掘的时序特征指标包括：

1. 基于变换的特征

变换方法是在时间序列上应用某种变换技术，在不损失太多信息的情况下降低时间序列的维度，同时分离一些特定的成分。在遥感时间序列表达与特征提取中，最常用的是傅里叶变换。傅里叶变换将复杂的曲线表示为一系列余弦波(项)

和一个加性项的总和。每个波由一个独特的振幅和相位角来定义。应用傅里叶变换通过在频域进行分析,可以从时间序列遥感影像中识别具有特定周期的信号以区分地类(Azzali and Menenti, 2000; Canisius et al., 2007; Jakubauskas et al., 2002)。不同类别的自然植被或栽培作物,其生长周期的振幅和相位也会有差异,因而是用于分类的最重要的周期性分量(Jakubauskas et al., 2002; Westra and De Wulf, 2007; Zhang et al., 2003)。

与傅里叶变换相比,基于局部基函数的小波变换方法在频域和时域的灵活尺度上都具有优势,能够捕捉高频变化(如突变)(Martínez and Gilabert, 2009; Sakamoto et al., 2005)。应用小波变换方法在转换时间序列数据时保留了时间成分,因此可以再现植被的季节性变化而不会失去时间特征。Bruce 等 (2006)提出了一种基于小波的特征提取方法,在利用 NDVI 时间序列对两种类型植被进行分类时,该方法可以比傅里叶变换检测到更详细的特征,而且小波变换方法对MODIS 时间信号中的噪声尖峰更敏感。Sakamoto 等(2005)发现小波变换方法比傅里叶变换在对植被指数时间序列滤波方面表现更好。

2. 基于统计指数

基于统计指数利用简单的统计学方法从原始时间序列数据中提取一些统计参数来描述时间序列特征。一些研究直接使用一年中不同时期的 VI 值作为决策树分类规则以提高分类精度(Friedl et al., 1999; Lloyd, 1990; Simonneaux et al., 2008; Walker et al., 2014 ; Wardlow et al., 2007)。相比较而言,某一时刻的 NDVI 值的变异性较大,而针对生长季全程或某个时段的 NDVI 统计指标具有更好的鲁棒性。当将这些统计指标与农学或物候学知识相结合时,即可针对特定的植被或作物提取其具有时间特征的独特物候属性来区分不同的植被类型(Lhermitte et al., 2011)。一般而言,这些指标通常代表光合作用活动的时间、持续时间和强度的某些方面,如生长季节的开始时间、生长季节的结束时间、年平均值、年最大值、年最小值、范围等(Defries et al., 1995; Jia et al., 2014; Lloyd, 1990; Reed et al., 1994; Zhang et al., 2003, 2006)。Reed 等(1994)利用 AVHRR NDVI 时间序列数据,计算出 12 个与关键物候事件有关的指标,包括绿化开始时间、NDVI 峰值时间、NDVI最大值、绿化速率、衰老速率和综合 NDVI 等,分析不同土地覆盖类型的趋势与波动。Sakamoto 等(2005)利用 MODIS 时序数据,通过检测增强植被指数(Enhanced vegetation index, EVI)时间曲线的最大值、最小值和拐点来确定种植日期、开花日期、收获日期和生长期阶段,进行水稻田识别。Senf 等(2013)利用 EVI和短波红外(SWIR)反射率时间序列数据获取物候指标对橡胶林扩张进行制图。

尽管统计指标可以较好地表征特定时间序列属性或物候特征,但地理和气象条件的差异制约了基于特征的方法的可转移性和通用性，特别是在大规模作物制图应用中(Sánchez et al., 2014)。此外，许多物候学指标要到生长季节结束时才能获得，这导致它们在早期季节作物制图中受到局限。同时，基于特征指标的方法一般不考虑具有多个生长周期的生态系统(例如，双作物或三作物农业、具有多个雨季的半干旱系统等)。

在提取出遥感时间序列数据的时态特征后，这些特征可以单独或结合起来，作为分类特征向量输入分类器来进行土地覆盖制图。基于简单阈值规则的决策树模型是最常用的分类方法之一(Zhong et al., 2016)。对于像水稻这样具有明显时间特征的植被类型，直接使用阈值方法是简单而有效的(Xiao et al., 2005, 2006)。随着输入数据维度的增加，机器学习模型，如随机森林(RF)、支持向量机(SVM)等提供了更好的准确性。这些分类器允许输入高维数据，整合多个 VI、物候学指标和原始波段，并在一定程度上减少了对人为设计分类规则的依赖(Pelletier et al., 2016; Song et al., 2017)。

1.2.3　基于端到端的深度学习分类

近年来，深度学习成为人工智能和机器学习的主流(LeCun et al., 2015)。深度学习是一种表征学习方法，可以从原始图像中通过端到端学习自动获取多层次的内部特征，而不是经验性设计特征(Chen et al., 2014; Mou et al., 2018)。

最常用的深度学习模型是卷积神经网络(CNN)和递归神经网络(RNN)。这些模型的主要特点是能够同时提取到优化的特征以及相关的分类器完成图像分类。CNN 模型更适用于从卫星图像中提取多层次的空间特征(Huang et al., 2018; Kussul et al., 2017; Marcos et al., 2018)，多用于高分辨率图像的对象检测和语义分割(Marmanis et al., 2018)。在当前研究中，CNN 的卷积层主要在空间域或光谱域发挥特征提取器的作用，很少在遥感时间序列的时间域发挥作用。最近一些研究调查了 CNN 模型处理时间序列数据的能力(Zhong et al., 2019a, 2019b)。在时间域中应用一维 CNN 已经被证明可以有效地处理(一般)时间序列分类的时间维度。在遥感领域，充分利用序列遥感数据时间结构的 CNN 架构也开始得到探索，包括仅在时间维度上应用卷积的 1D-CNN(Zhong et al., 2019a)，在空间维度上应用卷积的 2D-CNN(Liang and Li, 2016)以及在时间和空间维度上应用卷积的 3D-CNN(Ji et al., 2018)。RNN 是另一种类型的深度学习架构，专门用于多维时间序列的时间依赖性分析(Ienco et al., 2017)，因此，RNN 一直是被研究最多的时间序列遥感分类架构。由于 RNN 具有分析连续数据的能力，因此其通常被认为是学习图像时间序列中的时间关系和模拟土地覆盖变化模式的自然候选者(Mou and Zhu, 2018)。RNN 及其变体在光学时间序列(Rubwurm and Körner, 2017; Sun et al., 2019)以及多时相合成孔径雷达(Minh et al., 2018)分类中展现了巨大潜力。

此外，最近一些致力于时间序列遥感分类的研究也将 RNN 与 2D-CNN 结合起来(Interdonato et al., 2019)，要么是合并两种类型的网络学习的表征(Benedetti et al., 2018)，要么是将 RNN 模型学习的表征输入 CNN 模型中(Ruβwurm and Körner, 2018)。

1.3 遥感时间序列变化检测

从遥感时间序列影像中发现地表覆盖的突变或异常，也是遥感大数据挖掘的重要内容。传统的基于两期影像比较的变化检测算法只能提供变化的空间格局，而无法知道变化在两期影像之间何时发生。为了精确地捕捉土地覆盖时空变化，需要对同一地点进行频繁观测，发展基于时间序列遥感的变化检测技术。

MODIS 数据具有高时间分辨率、覆盖范围大等优点，在森林变化监测中得到了广泛应用，但 MODIS 数据的空间分辨率限制了其对于中小尺度的土地覆盖变化的检测能力。2008 年所有存档 Landsat 图像的免费获取，使得基于 Landsat 时间序列的变化检测成为可能，相应地，许多变化检测算法被开发出来。其大致可分为以下几类(Zhu, 2017)：①阈值法。采用预先确定的阈值来标识时间序列影像中的某种土地覆盖(主要是森林)，当某一时间的影像值与阈值有重大偏离时，则可认为是检测到变化(Hilker et al., 2009; Kayastha et al., 2012; Pickell et al., 2014)。植被变化跟踪器(VCT)是典型的基于阈值的算法，主要用于检测森林干扰(Huang et al., 2009, 2010)。②分段法。根据残差和角度判断准则，将时间序列分割成一系列直线段，在像素级上检测突变和渐变(Chance et al., 2016; Griffiths et al., 2012; Hermosilla et al., 2015; Kennedy et al., 2010, 2015)。代表性的算法是 LandTrendr (Kennedy et al., 2010)，该算法已在森林变化检测(Griffiths et al., 2012; Kennedy et al., 2012，2010)和土地覆盖变化检测(Franklin et al., 2015)中得到应用。③轨迹分类法。该方法首先从 Landsat 时间序列剖面中提取出发生过某种变化的局部信息(用于训练目的)，之后利用这些信息对图像中的每一个 Landsat 时间序列进行进一步分类。轨迹分类法主要是为了检测突发性变化(Kennedy et al., 2007)。④统计边界法。该方法假设时间序列的统计特征服从一定的边界条件，任何严重偏离边界的情况都会被检测为变化(Ye and Keogh, 2009, 2011; Zhu and Woodcock, 2014)。统计边界法的计算成本很高，需要大量存储空间。然而，利用这种方法可以快速检测变化，同时受季节性差异的影响较小。分离趋势和季节项的突变点(breaks for additive season and trend, BFAST)算法(Verbesselt et al., 2012)属于统计边界法。BFAST 算法将时间序列分解为趋势、季节和噪声成分，这使得它既可以检测突变，也可以检测渐进变化 (DeVries et al., 2015; Reiche et al., 2015; Verbesselt et al., 2012)。连续变化检测和分类(CCDC)算法(Zhu and Woodcock, 2014)是另一种流行的统计边界方法，它是由森林扰动连续监测算法(CMFDA)(Zhu et al., 2012)演化而来的。CMFDA 旨在基于所有可用的 Landsat 数据检测森林扰动。CCDC 算法将变化目标从森林扩展到了多种土地覆盖类型，并增加了坡度分量来检测渐变(Vogelmann et al., 2016; Zhu et al., 2016; Zhu and Woodcock, 2014)。

1.4　问题与探索

近年来，随着空间遥感技术的进步，一系列新型传感器不断发射升空，如欧洲的 Sentinel 系列、中国的高分系列，以及新兴的星座，如立方体卫星等，在时空分辨率上都有显著提高，为遥感时间序列分析提供了坚实的数据基础。而以深度学习为代表的人工智能技术的发展，为多源数据集成、信息融合与挖掘提供了有力的工具。面向土地覆盖分类与制图的遥感大数据时间序列挖掘研究充满机遇，也面临挑战，包括但不限于以下方面。

1. 时间序列遥感数据预处理

陆地卫星光学图像不可避免地受云层影响，特别是在热带地区。云层及其阴影的存在使卫星光学数据的分析更加复杂。在进行任何形式的遥感信息提取之前，检测卫星图像中的云、云影，并对其进行准确筛选是非常重要的，对于时间序列遥感挖掘与分析来说更是如此。对于 Landsat、Sentinel 这些中高空间分辨率传感器，辅助云与云影识别的波段缺乏，快速、准确的云和云影识别方法仍需进一步探索。

2. 遥感时间序列挖掘与分类

相似性度量对于各种时间序列分析和数据挖掘任务具有根本性的意义。大部分用于时间序列分析的方法实际上都包括使用距离对数据进行比较，以衡量两个序列的相似性。距离的选择至关重要，因为它定义了处理数据时间性的方式。在数据挖掘领域，已经提出了多种距离度量方法，但应用于遥感时间序列分析时，仍有许多限制。而以 DTW 距离为代表的弹性度量通过建立一个非线性映射，允许进行一对多的比较以使序列达到最佳全局对齐,较好地契合遥感时间序列特征。基于 DTW 距离的时序相似性度量在遥感时间序列挖掘中值得进一步探究。

相似性度量需要时间密集的高质量卫星图像来构建可靠的时间序列曲线。然而,在易云和多雨的热带地区,光学影像受云覆盖影响严重。在雨季,更是容易造成长时间的影像缺失间隙。在难以构建完整可信的时间序列曲线情况下,挖掘时间序列遥感数据中时序统计特征信息是提高土地覆盖分类精度的重要途径。

在时间序列遥感分类技术中,传统的分类方法是为分类特征向量设计的,需要领域知识和专业知识的特征工程方法提取分类特征,不能自动有效地利用多时空观测中的内在时间序列关系。近年来的研究表明,数据驱动的深度学习模型有利于从多时空遥感观测中识别出基本的顺序依赖关系,在时间序列遥感分类中具有强大的应用潜力。

3. 多源时空数据融合

单一传感器数据往往都是时间、空间和光谱分辨率的权衡。高重访周期的时间序列遥感数据,如 MODIS,可获得连续的地物时序特征,然而其空间分辨率较低。另外,中高空间分辨率遥感数据,如 Landsat 能获得更为精细的土地覆盖空间信息,然而时间分辨率低,无法充分利用地物变化的时序信息。需要探索新的时空信息融合方法,有效集成多源遥感数据提供的丰富的时、空维度信息,进一步提升地物识别能力。

4. 时间序列变化检测

近年来,基于 Landsat 时间序列数据的变化检测研究得到广泛关注,各具特色的变化检测算法被提出,这些算法主要应用于森林变化检测,且大多只能识别宽泛的干扰强度事件。如何快速、精确地识别土地覆盖变化时空特征信息有待进一步探究。

综上,各种空间和时间分辨率的遥感大数据来源日益丰富,图像处理能力和存储方面的技术进步,以及科学和政策制定方面日益复杂的信息需求,对生成频繁和准确的土地覆盖产品提出更高的要求。本书围绕上述遥感大数据时间序列挖掘与土地覆盖制图应用中的几个关键问题开展研究。考虑到遥感大数据来源不断更新,数据分析技术方法不断发展,遥感大数据时间序列分析和挖掘仍有许多挑战性问题值得我们进一步探索。

第 2 章

云与云影识别

卫星的光学传感器易受云及云影的影响,云和云影阻碍了地表-传感器之间的信息传输,严重影响光谱波段有效信息,形成地表光谱反射奇异值,对地表覆盖信息提取和变化趋势分析造成误差(Zhu et al., 2015)。因此,对于遥感时序分析来说,云和云影检测是必不可少的预处理步骤。

Landsat 系列卫星自 1972 年以来开始收集地球表面影像,为研究地表土地覆盖动态提供了珍贵的海量数据源。然而,准确地识别云和云影一直是 Landsat 遥感应用研究中的难点。云有不同的类型,每种类型对应不同的光谱特征(沈金祥和季漩, 2016),更增加了检测的难度。地表许多暗地物,如山体阴影、水体、湿地等和云影有相似的光谱特征,造成云影识别困难。目前,国内外学者基于 Landsat 数据构建的云及云影检测方法已有很多,概括起来主要分为两类:单时相检测方法和多时相检测方法(Zhu, 2017)。单时相云、云影检测主要利用单幅影像光谱特征、纹理特征等,通过分析云和云影在影像上的分布特点和反射率值,利用波段组合和统计手段扩大云和云影与清晰像元反射值之间的差异,设置阈值对像元进行云标记(姜侯等, 2016; 李存军等, 2006; 宋晓宇等, 2006)。单时相检测方法通常较为复杂,在寻找单幅影像云和云影光谱特征上,需要消耗大量的时间和精力,并且云和云影分布复杂多变,单一阈值无法解决地表覆盖类型敏感性的问题。多时相检测方法主要利用多时相遥感影像间的线性关系解决光谱间的差异(郭童英和尤红建, 2007; 梁栋等, 2012; 米雪婷等, 2016; 王睿等, 2015; 周伟等, 2012)。多时相云、云影检测要求影像数据之间严格配准,在进行云、云影识别前,需要进行高精度的大气校正和地形校正,并且无云影像和有云影像的获取时间需要接近。然而,Landsat 在同一地区的重访周期为 16 天,获取无云影像则需要更久的时间间隔,此期间土地覆盖变化等因素会对检测结果造成影响。

单时相和多时相云、云影检测方法都需要先进行云检测,然后利用太阳、传感器以及云之间的位置关系得到云影的位置(Braaten et al., 2015; Hagolle et al.,

2010; Martinuzzi et al., 2007)，云影的检测精度取决于云检测的精度。通过单幅影像简单的光谱、空间形态特征或多时相影像光谱特征的差异来识别云及云影，无法保证云影检测结果的稳定性和有效性，且检测方法通常较为复杂。

2013 年发射的 Landsat 系列最新卫星 Landsat-8 包含陆地成像仪(operational land imager，OLI)和热红外传感器(thermal infrared sensor，TIRS)两种传感器。TIRS 和 OLI 新增卷云波段(Band 9)，为云检测提供了更丰富的信息。在 USGS 分发的 Landsat-8 数据中新增了质量评估(quality assessment，QA)波段，QA 波段由 Fmask 检测方法(Zhu and Woodcock, 2012)得到，利用全球卫星影像数据对该算法的验证表明，其云识别效果良好，但对于云影的识别仍具有很大的不确定性。在 Landsat-8 QA 波段对云高精度标识基础上，本章提出一种简单、快速的云影检测方法，以降低时间序列分析中影像噪声的影响。

2.1 数 据 源

2.1.1 Landsat-8 OLI 数据

试验用到的 Landsat-8 OLI 数据来源于 USGS 官网(https://earthexplorer.usgs.gov/)，影像轨道号为 121-34，时间为 2016 年 7 月 25 日，成像时太阳高度角为 63.655°，太阳方位角为 126.635°。OLI 陆地成像仪有 9 个波段，成像宽幅为 185 km×185 km。与 Landsat-7 上的 ETM+传感器相比，OLI 陆地成像仪做了以下调整：①Band 5 的波段范围调整为 0.845～0.885 μm，排除了 0.825 μm 处水汽吸收的影响；②Band 8 全色波段范围较窄，从而可以更好地区分植被和非植被区域；③新增两个波段，Band 1 蓝色波段(0.433～0.453 μm)主要应用于海岸带观测，Band 9 短波红外波段(1.360～1.390 μm)应用于云检测。

2.1.2 全球云及云影验证数据

为测试本章提出方法的可行性和适应性，利用已有的全球云和云影验证数据集"L8 Biome Cloud Validation Masks(简称 L8 Biome)"(https://www.usgs.gov/landsat-missions/spatial-procedures-automated-removal-cloud-and-shadow-sparcs-validation-data)进行验证。L8 Biome 是对"L8 SPARCS"数据集(https://catalog.data.gov/dataset/l8-sparcs-cloud-validation-masks)的扩展，"L8 SPARCS"云和云影验证数据集是用于定量评价云和云影识别算法精度的全球数据集，从全球参考系统(WRS-2)行列号中随机选取 Landsat-8 OLI 影像，涵盖不同的地表覆盖类别，每幅影像被分为"云""云影""冰/雪""水体""淹没区""清晰像元"几类，

由不同的专家进行解译。为了使用于验证的影像更具有代表性，2016 年对"L8
SPARCS"数据集进行扩充，生成云和云影验证数据集"L8 Biome"，将 WRS-2
影像上所占比例最大的生态区类别确定为当前影像的生态区类别，选择不同类别
的生态区进行半随机抽样，以减少个人因素对数据集选择的影响(Foga et al.,
2017)。数据集分为城市区、裸地区、森林区、灌木区、草地/农田区、雪/冰区、
湿地区、水体区，每个生态区选择 12 幅影像，构成云和云影验证数据集。本章从
"L8 Biome"数据集中选取部分典型生态区影像对本章提出的方法进行验证，所
选影像包含多种生态区类别，具有较好的代表性。本章选用的云和云影验证数据
如表 2-1 所示。

表 2-1　本章选用的云和云影验证数据

类别	文件 ID (Level-1T)	列	行	获取时间 (月/日/年)	云影含量/%
裸地	LC81640502013179LGN01	164	50	6/28/2013	18.33
灌木	LC80010732013109LGN00	1	73	4/19/2013	8.39
雪/冰	LC80060102014147LGN00	6	10	5/27/2014	4.32
城市	LC80640452014041LGN00	64	45	2/10/2014	9.43
湿地	LC81010142014189LGN00	101	14	7/8/2014	9.81

2.2　基于 QA 云标识的云影识别方法

由于云的遮挡，地物在太阳光照射时反射值发生改变，云影在影像上体现为
比周围环境更暗。云影的亮度来源于散射光，大气散射效果在短波波段(如可见光
波段)较强；在长波波段(如近红外和短波红外波段)相对较弱。此外，近红外和短
波红外波段反射值通常较大，阴影的暗效应在近红外和短波红外波段表现更明显。
因此，利用近红外和短波红外波段，可以快速找到潜在的云影。本节先利用
Landsat-8 数据 QA 波段对云进行标识，再利用近红外和短波红外波段进行种子填
充变换，通过设置阈值得到云影识别的初步结果；采用 ISODATA 非监督分类方
法得到水体掩模，将水体从潜在云影中去除，减少水体对云影识别的影响；结
合太阳角度、可能的云高度等因素对云和云影的空间关系进行匹配，确定云影的
位置，检测出真实的云影像元。图 2-1 为本节进行云影检测的技术路线。

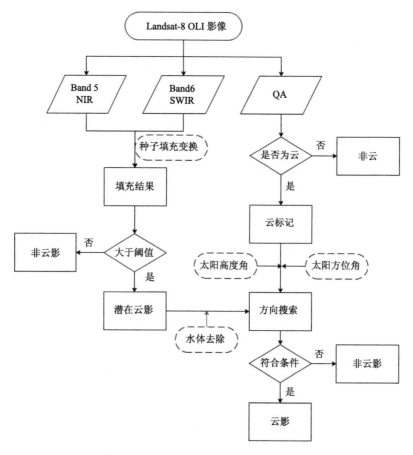

图 2-1 Landsat-8 OLI 云影识别技术流程

2.2.1 基于 QA 波段的云识别

Landsat-8 影像数据的 QA 波段由 Fmask 检测方法得到。Fmask 方法是 Zhu 等(2012)提出的一种云检测算法,2015 年对该方法进行了改进,使 Fmask 方法不仅可以用于处理早期 Landsat TM/ETM+的光谱波段,还加入了 Landsat-8 OLI 和 Sentinel-2 的去云、云影和雪的算法。表 2-2 为 Fmask 方法改进后所用波段。Fmask 方法的输入参数为大气表观反射率(top of atmosphere reflectance, TOA),对于 Landsat-4、Landsat-5、Landsat-7 和 Landsat-8,输入波段有所不同,但是算法类似。

表 2-2　Fmask 算法改进后所用波段　　　　　（单位：μm）

波段	TM	ETM+	OLI/TIRS
波段 1	0.45～0.52	0.45～0.515	
波段 2	0.52～0.60	0.525～0.605	0.45～0.51
波段 3	0.63～0.69	0.63～0.69	0.53～0.59
波段 4	0.76～0.90	0.75～0.90	0.64～0.67
波段 5	1.55～1.75	1.55～1.75	0.85～0.88
波段 6	10.40～12.50	10.40～12.50	1.57～1.65
波段 7	2.08～2.35	2.09～2.35	2.11～2.29
波段 9			1.36～1.38
波段 10			10.60～11.19

Fmask 方法首先经过影像预处理，将影像 DN 值转换为 TOA，然后将 TOA 值作为输入参数，根据云的影像特征和物理特征来设定一系列判定条件，最终得到云掩膜。Fmask 算法选用全球卫星影像数据对得到的云掩膜进行精度验证，检测结果显示云识别效果良好，但对于云影的识别仍具有很大的不确定性。

Landsat-8 的 QA 波段用 16 比特存储，以便更加有效利用。表 2-3 为 Landsat-8 QA 波段存储值及其代表的意义。

表 2-3　Landsat-8 QA 波段 16 比特值列表

比特位	描述
15	云标记
14	
13	卷云标记
12	
11	雪/冰标记
10	
9	保留值
8	
7	
6	
5	水体标记
4	
3	保留值
2	地形遮蔽
1	失帧
0	填充

对于单比特(如 0～3 比特位)：0 值代表不存在某种条件，即逻辑"非"，1 值代表条件存在，即逻辑"是"。对于双比特（4/5～14/15 比特位），表示某条件存在的可能性："00"表示不存在该条件；"01"表示该条件存在的可能性为 0～33%；"10"表示该条件存在的可能性为 34%～66%；"11"表示该条件存在的可能性为 67%～100%。

为了便于快速得到 QA 波段各个像元值表示的类别，USGS 给出了 QA 波段常见像元值的对照表，见表 2-4（来源：https://landsat.usgs.gov/qualityband）。

表 2-4 QA 波段像元值及相应类别判断表

像元值	云	卷云	雪/冰	水体	地形遮蔽	失帧	填充	像元描述
1	未确定	未确定	否	否	否	否	是	填充像元
2	未确定	未确定	否	否	否	是	否	失帧像元
20480	否	否	否	否	否	否	否	清晰像元
20484	否	否	否	否	是	否	否	清晰的地形遮蔽像元
20512	否	否	否	可能	否	否	否	水体
23552	否	否	是	否	否	否	否	雪/冰
28672	否	是	否	否	否	否	否	卷云
31744	否	是	是	否	否	否	否	卷云或雪/冰
36864	可能	否	否	否	否	否	否	可能为云
36896	可能	否	否	可能	否	否	否	可能为云或水体
39936	可能	否	是	否	否	否	否	可能为云或雪/冰
45056	可能	是	否	否	否	否	否	可能为云或卷云
48128	可能	是	是	否	否	否	否	可能为云和卷云或雪/冰
53248	是	否	否	否	否	否	否	云
56320	是	否	是	否	否	否	否	云或雪/冰
61440	是	是	否	否	否	否	否	云或卷云
64512	是	是	是	否	否	否	否	云或卷云或雪/冰

分析试验影像 QA 波段像元值，对照类别判断表，判断是否可能为云像元。在实际应用中，漏分云像元可能对后续研究，如分析地物的光谱反射特征或计算 NDVI 造成严重影响。所以在云识别过程中，需要尽量减少漏分误差。本节将所有可能为云的像元标记为云像元，得到云掩膜。将 DN 值 28672、31744、36864、36896、39936、45056、48128、53248、56320、61440、64512 定义为云标记数据集，当像元值包含在云标记数据集内时，该像元就标记为云像元。

2.2.2 潜在云影识别

云影在影像上表现为暗像元，由于近红外波段和短波红外波段的暗效应，其相比于周围环境，像元值小，可以利用种子填充变换提取出来。种子填充算法是区域填充的一个重要算法，以一个节点作为起始点，连通附近相似的节点，直到处理完封闭区域内的所有节点(胡云和李盘荣，2006)。将种子填充算法应用于近红外和短波红外波段，种子填充变换后的 NIR、SWIR 波段和原始的 NIIR、SWIR 波段之间的差异包括云影的暗效应。此外，云影和水体具有相似的光谱特征，水体易影响云影的识别精度，需要对水体进行处理。采用 ISODATA 非监督分类方法对获取时间相近的无云影像进行分类，结合目视判断，得到水体掩膜，从种子填充变换后的潜在云影掩膜中剔除水体，尽可能消除水体的影响。

2.2.3 云与云影位置匹配

与云影易混淆的还包括山体阴影、建筑物阴影等，需要对云和云影进行匹配，实现云阴影的精确识别。在数学形态上，当已知传感器视角、太阳高度角、太阳天顶角和云的相对高度时，通过云和云影的几何关系就可以预测云影的位置。对于 Landsat-8 OLI 数据，前三项为已知，可以计算云影的投影方向。然而云的高度差异大，且计算困难。在影像上，云和云影的位置主要体现在云和云影的距离和方向上，可以利用云和云影的位置关系进行模糊匹配，最大限度地识别云影，减小云影漏分误差。王凌等(2016)指出，集中在对流层的云，其高度一般在 11 km 以下。而云的高度一般在 200 m 以上(Zhu and Woodcock, 2012)。在云投影中起关键作用的是太阳高度角和方位角，太阳高度角表征云和云影间的水平距离，太阳方位角表征云和云影的相对方向，如图 2-2 所示。

提取 QA 波段中标记为云的像元，记为 $C[i, j]$，i、j 分别为其行、列号。近红外和短波红外波段种子填充变换后，阴影、水体等暗像元与周围环境分开。为了不漏掉云影，分析种子填充后得到的初步云影掩膜，选取合适的阈值，尽可能多地覆盖云影所在区域。本节选取种子填充变换后初步云影掩膜的像元平均值作为阈值，将大于阈值的像元标记为云影，记为 Fill[index_i, index_j]。假设 $C[i, j]$ 和 Fill[index_i, index_j]之间的水平距离为 dist，如图 2-3 所示。如果 $C[i, j]$ 为云(Cloud)，填充后的像元 Fill[index_i, index_j]为云影(Shadow)，并且水平距离和方向满足云和云影匹配条件，那么，Fill[index_i, index_j]即为真实的云影，否则为伪云影。

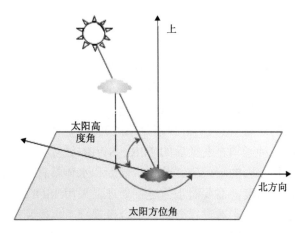

图 2-2　太阳高度角和太阳方位角对云和云影水平距离和相对方向的影响

IF　 $C[i,j]$==Cloud

AND　 Fill [index_i, index_j]==shadow

AND　 dist_min<dist<dist_max

THEN，　 Fill [index_i, index_j]=True shadow

其中，

index_i=i+dist×cos（azimuth）/resolution, index_j=j–dist×sin（azimuth）resolution, dist_min =200/tan（ele_angle），dist_max=11000/tan（ele_angle）。

式中，azimuth 为太阳方位角；ele_angle 为太阳高度角；resolution 为 Landsat 光谱分辨率，为 30m。

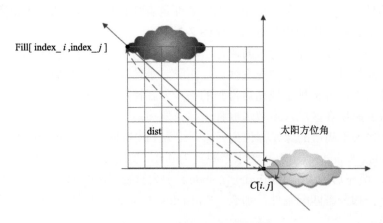

图 2-3　云和云影相对位置示意图

2.3　结果与分析

2.3.1　基于 QA 波段云识别评价

图 2-4(a) 为 2016 年 7 月 25 日试验影像局部的假彩色合成图，(b) 为叠加 QA 波段云标记图。随机选取 300 个样点，利用混淆矩阵对 QA 波段的云识别结果进行精度评价(表 2-5)，结果表明 Landsat-8 的 QA 波段在云识别上总体精度(QA) 达 94.33%，效果较好。但 QA 波段缺少云影标识，未对云影进行单独识别。

表 2-5　QA 波段云标记结果验证混淆矩阵

识别类别	真实类别			
	云	非云	总和	用户精度(UA)/%
云	47	8	55	85.45
非云	9	236	245	96.32
总和	56	244	300	
生产者精度(PA)/%	83.93	96.72		总体精度：94.33

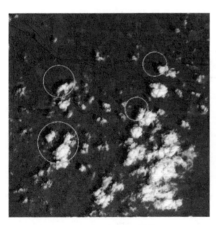

(a) 假彩色合成图　　　　　　　(b) QA波段云标记图

图 2-4　假彩色合成图与 QA 波段云标记图

蓝色圆圈标示云影未识别，绿色部分为云标记结果

2.3.2 云影识别精度评价

为评价云影检测结果，分别基于 QA 波段的方法和 Fmask 方法对试验影像进行云影识别（图 2-5），随机抽取 300 个样点进行独立验证，对应用两种方法所得结果的精度进行对比（表 2-6）。

(a) 基于QA波段的方法　　　　　　　　　　(b) Fmask方法

图 2-5　基于 QA 波段的方法和 Fmask 方法的云影检测结果

绿色部分表示检测出的云影

表 2-6　云影检测结果混淆矩阵

方法	识别类别	真实类别			
		云影	非云影	总和	用户精度/%
基于QA波段的方法	云影	20	2	22	90.91
	非云影	5	273	278	98.2
	总和	25	275	300	
	生产者精度/%	80	99.27		总体精度：97.67
Fmask 方法	云影	19	9	28	67.86
	非云影	6	266	272	97.79
	总和	25	275	300	
	生产者精度/%	76	96.73		总体精度：95.00

实验影像云影检测结果显示，在植被覆盖度较高的黄河三角洲地区，基于 QA 波段的方法对薄云和厚云都有良好的识别效果。在云与云影叠加的区域，基于 QA

波段的方法相比于 Fmask 方法识别效果更好。从识别结果来看，基于 QA 波段的方法将少量水体分为云影，Fmask 方法将部分水体和植被分为云影，错分效果更明显。基于 QA 波段的方法识别出的云影用户精度为 90.91%，生产者精度为 80%，总体精度为 97.67%，而 Fmask 方法识别出的云影用户精度为 67.86%，生产者精度为 76%，总体精度为 95.00%。相比之下，基于 QA 波段的方法得到的总体精度比 Fmask 方法有所提高。需要指出的是，Fmask 方法设定云识别的优先级高于云影，一个可能为云或云影的像元，更可能被标记为云，且 Fmask 方法对云区域进行形态学重构，利用膨胀算法，侵蚀细碎或内部不连通的云区域，导致 Fmask 方法用户精度相对较低。这也从侧面反映了基于 QA 波段识别的云能有效用于识别云影，以得到更好的结果。

2.3.3 基于 L8 Biome 全球验证数据集的云影识别评价

为进一步探索本方法在不同区域的适用情况，选用 L8 Biome 数据集的典型区域进行实验，分别选取了裸地、灌木、雪/冰、城市和湿地生态区的局部影像进行验证，统计云影所占比例、用户精度、生产者精度和总体精度，结果如图 2-6 和表 2-7 所示。图 2-6 显示，基于 QA 波段的方法得到的云影和 L8 Biome 数据集云影位置较为一致，在植被覆盖度高的地方，如湿地区、城市区和灌木区的植被覆盖部分，云影识别效果较好，裸地、雪/冰区域云影分布复杂，得到的云影识别结果细节程度更高。从识别效果看，与 L8 Biome 数据集的云掩膜相比，基于 QA

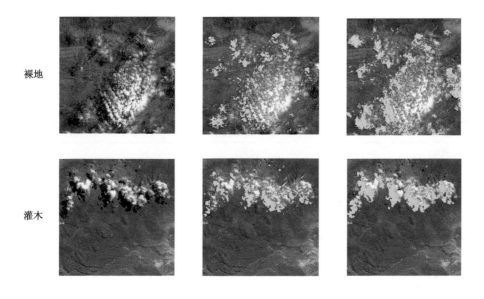

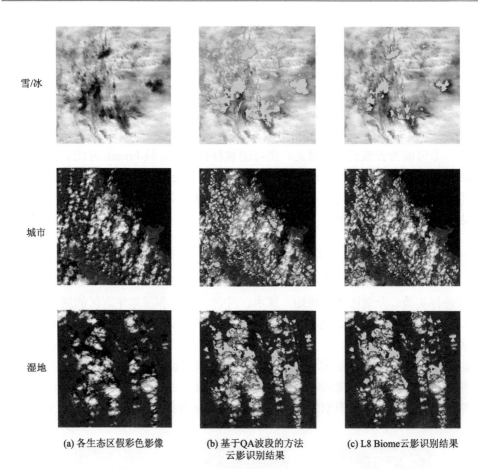

雪/冰

城市

湿地

(a) 各生态区假彩色影像　　(b) 基于QA波段的方法　　(c) L8 Biome云影识别结果
　　　　　　　　　　　　　　　云影识别结果

图 2-6　云影识别结果

绿色部分表示检测出的云影

表 2-7　基于 L8 Biome 数据集的云影检测验证结果

类别	云影/%	用户精度/%	生产者精度/%	总体精度/%
裸地	19.90	65.87	71.50	87.99
灌木	9.92	64.47	76.25	94.48
雪/冰	16.03	26.96	99.96	88.29
城市	18.5	40.70	79.93	87.13
湿地	15.54	60.03	95.04	93.30

波段的方法得到的云影掩膜范围更广。表 2-7 显示，在复杂地表环境和云影分布情况下，基于 QA 波段的方法的云影识别总体精度达到 87%以上，其中城市区域

和裸地区域云影识别总体精度最低，分别为 87.13%和 87.99%，湿地区域云影识别总体精度最高，为 93.30%，可见，在地表覆盖类型复杂的地区，云影识别总体精度相对较低。此外，云的分布情况也会对识别精度造成影响。

　　同样，利用 Fmask 方法对 L8 Biome 数据进行云影识别（图 2-7），并与基于 QA 波段的方法进行对比分析（表 2-8）。图 2-7 显示，Fmask 方法检测出的云影结果和真实云影位置符合较好，但在云分布集中的裸地和灌木区，Fmask 方法得到的检测结果细碎部分较少，在云和云影叠加的部分，Fmask 方法未将其识别为云影。表 2-8 显示，在裸地和灌木区域，基于 QA 波段的方法总体精度优于 Fmask 方法，而在城市区域 Fmask 方法具有优越性。总的来看，对于云影检测，基于 QA 波段的方法与 Fmask 方法各有优势，但是 Fmask 方法需要可见光波段、红外波段、卷云波段等 8 个波段参与计算，算法复杂，而基于 QA 波段的方法只需要近红外、短波红外和 QA 波段共 3 个波段，所需数据更少。此外，在实验中发现，Fmask 方法在冰/雪区和湿地区的局部影像上并不适用。因此，在地表覆盖类型敏感性上，基于 QA 波段的方法适用性更强。

(a) 裸地区　　　　　　　　　　　(b) 灌木区　　　　　　　　　　　(c) 城市区

图 2-7　Fmask 云影识别

绿色部分为检测出的云影

表 2-8　基于 QA 波段的方法云影检测总体精度和 Fmask 方法云影检测总体精度比较

类别	Fmask 方法总体精度/%	基于 QA 波段的方法总体精度/%
裸地	85.38	87.99
灌木	92.02	94.48
城市	90.38	87.13

2.4 本 章 小 结

本章在 Landsat-8 QA 波段云标识的基础上,提出一种简单、快速的云影检测方法,利用太阳方位角和太阳高度角对云、云影相对位置的影响,简化了云高度估算和视角的问题,有效提高云影识别的精度,降低时间序列 Landsat 影像的噪声水平。结果显示,云影检测用户精度和总体精度达 90%以上,检测效果良好。基于 QA 波段的方法对数据要求低,可行性高,仅需要 NIR、SWIR 和 QA 波段即可识别云影,减少了数据处理的工作。此外,基于 QA 波段的方法对不同下垫面情况适应性强,在不同的生态区检测效果良好。需要注意的是,在云影识别中仍然存在错分和漏分的现象。由于地面"暗地物",如水体、山体阴影等的影响,当云的位置与这些"暗地物"接近时,很难将云影与其分开。此外,算法对云影的识别精度主要取决于云的识别精度,尽管 QA 波段云标记精度高,仍然免不了有错分和漏分现象,也会引起云影识别误差。本章将 QA 波段中可能的云都进行云标记,扩大了云标记的范围。在云影目视识别中,云影没有严格的定义,云的高度不一以及多层云的存在,导致云和云影叠加,会影响云影的判断,而薄云、卷云和云影边界的确定也会影响识别结果。

第 3 章

时序数据去云降噪处理

卫星成像受传感器平台本身、大气条件、下垫面等环境因素的影响，不可避免地存在不同程度的噪声，特别是在热带地区，雨季漫长，严重的云污染使得对卫星光学数据的分析更加复杂和困难。云覆盖的存在降低了遥感数据的利用率。云区的遮挡导致云下像元信息被削弱甚至缺失，使得信息识别、分类精度难以保证。因此，大多数应用偏向于选择对晴空无云的遥感影像进行研究。然而，由于气象条件复杂多变，完全晴空的影像很难获取，尤其是对于遥感时序分析来说，为了充分利用影像的高时间分辨率优势，必须尽可能利用所有可获得的影像数据，以构建高频率的观测序列。

在时间序列遥感应用分析研究中，MODIS 数据的使用最为广泛（Friedl et al.，2002）。由 MODIS 光谱反射率值获取的植被指数（VI）是最为常用的时序分析指标。但是，受各种噪声因素等影响，VI 值会出现突降、锯齿等失真现象。因此，在进行时序分析之前，必须通过合适的算法进行去云降噪处理。

目前针对 MODIS 时间序列的 VI 降噪与重构方法主要有两类：一类是时间域处理，如最大值合成（maximum value compositing，MVC）、最佳指数斜率提取（best index slope extraction，BISE）、中值迭代滤波（media iteration filter，MIF）、时间窗口线性内插（temporal window operation，TWO）、经验模态分解（empirical mode decomposition，EMD）（Zhao et al.，2011）以及 HANTS（harmonic analysis of time series）滤波算法、SPLINE 插值法、Savizky-Golay 滤波（S-G）算法、非对称高斯（asymmetric Gaussians，AG）函数、双逻辑斯谛拟合（double logistic，DL）、滑动平均法等（ Beck et al.，2005; Chen et al.，2004; Ma and Veroustraete，2005）；另一类是频率域处理，如傅里叶变换（Fourier transform，FT）和小波变换（wavelet transform，WT）等（梁守真等，2011; 马超等，2011）。

在上述方法中，S-G 滤波方法因其简单高效而得到广泛应用。但是，S-G 时序滤波通过插值对无效像元进行填补时，对无效像元的长度没有量化的要求，尤其在对无效间隙过大的像元时序进行插值处理时误差较大，导致重构后的 VI 值的可靠性无法度量，影响进一步的时序分析和应用。本章以覆盖越南的 MODIS 数据为例，利用 S-G 滤波方法进行年时间序列数据重构，分析不同无效像元长度对重构 VI 时序质量的影响。

3.1 数　据　源

3.1.1　MODIS 数据预处理

越南纬度跨越大，受季风作用影响明显，雨季云量大，影像受云污染严重。所用的 MODIS 的地表反射率合成产品数据（MOD09A1）从 NASA 网站（https://modis.gsfc.nasa.gov/）获取，获取时间为 2010 年 1 月 1 日至 2010 年 12 月 31 日。MOD09A1 数据产品已完成对气体、卷云及气溶胶的大气校正，数据为 8 天内观测质量最优像元合成产品。MOD09A1 的 HDF 数据包含 13 层数据，前 7 个数据层分别代表 MODIS 数据的前 7 个波段，8～12 数据层是 QA 及其他方面的数据质量相关判定，最后一层代表合成的像元拍摄时间。波段参数如表 3-1 所示。

表 3-1　MOD09A1 各层数据解释

MOD09A1 数据层	比特类型	空值填充值	有效范围
反射率波段 1 (620～670 nm)	16 位有符号整数	−28672	−100～16000
反射率波段 2 (841～876 nm)	16 位有符号整数	−28672	−100～16000
反射率波段 3 (459～479 nm)	16 位有符号整数	−28672	−100～16000
反射率波段 4 (545～565 nm)	16 位有符号整数	−28672	−100～16000
反射率波段 5 (1230～1250 nm)	16 位有符号整数	−28672	−100～16000
反射率波段 6 (1628～1652 nm)	16 位有符号整数	−28672	−100～16000
反射率波段 7 (2105～2155 nm)	16 位有符号整数	−28672	−100～16000
反射率波段质量	32 位无符号整数	4294967295	0～4294966531
太阳天顶角	16 位有符号整数	0	0～18000
观测天顶角	16 位有符号整数	0	0～18000
相对天顶角	16 位有符号整数	0	−18000～18000
状态标记	16 位无符号整数	65535	0～57343
儒略日	16 位无符号整数	65535	1～366

USGS 提供了针对 MOD09A1 数据集的两种质量评估层，一个与特定波段质量相关，另一个与拍摄时间的表面反射率状态相关，分别对应 HDF 数据集中的第 8 层 500 m 反射率波段质量，以及第 12 层状态标记，其中 USGS 提供的 500 m

反射率波段质量见表 3-2，状态标记见表 3-3。

表 3-2　基于波段的质量评价

比特位	参数名称	比特合成	解释
31	是否经过邻接校正	1	是
		0	否
30	是否经过大气校正	1	是
		0	否
26~29	第 7 波段质量评价 4 比特范围	0	高质量
		1000	未探测；数据经过 L1B 数据插补
		1001	太阳天顶角≥86°
		1010	85°≤太阳天顶角 <86°
		1011	未输入值
		1100	使用内部代替的气候资料用于至少一个大气常数
		1101	修正的边界像素限制极端容许值
		1110	L1B 数据有误
		1111	深海或者云影像未处理
22~25	第 6 波段		同上
18~21	第 5 波段		同上
14~17	第 4 波段		同上
10~13	第 3 波段		同上
6~9	第 2 波段		同上
2~5	第 1 波段		同上
0~1	MODLAND 质量评价比特	0	修正后的波段质量均优数据
		1	修正后的多数波段质量均优数据
		10	由于云的影响而未输出
		11	由于云的其他方面而未输出

表 3-3　基于拍摄状态的质量评价

比特位	参数名称	比特	状态标记
15	内部雪标记	1	是
		0	否
14	是否经过二相校正	1	是
		0	否

续表

比特位	参数名称	比特	状态标记
13	是否为云边	1	是
		0	否
12	是否为35波段云标记	1	是
		0	否
11	是否为内部火标记	1	是
		0	否
10	是否为内部云标记	1	是
		0	否
8~9	卷云探测	0	无卷云
		1	少量卷云
		10	中量卷云
		11	大量卷云
6~7	气溶胶含量	0	使用气象数据插补
		1	低
		10	中
		11	高
3~5	陆地/水标记	0	浅海
		1	陆地
		10	海岸线及湖泊的边线
		11	内陆浅水
		100	蒸发水
		101	内陆深水
		110	大陆海洋
		111	深海
2	是否为云阴影	1	是
		0	否
0~1	35波段云	0	无云
		1	少量云
		10	中量云
		11	未标记,默认无云

利用MRT软件对MODIS HDF文件进行波段提取,MRT工具从https://lpdaac. usgs.gov/tools获取。在MRT工具中,使用等面积Lambert Azimuthal投影对每幅影像进行变换,提取MOD09A1数据集的前两个波段,分别代表红光和近红外。

覆盖越南地区的影像共需要 5 个 tile，每个 tile 以行列号表示，包括 h27v06、h27v07、h28v06、h28v07、h28v08。对每年 46 期影像分别进行影像的拼接、裁剪。使用 LDOPE 软件(https://lpdaac.usgs.gov/tools)对每年的 MODIS HDF 文件进行 QA 数据层分离，分离出的所有 QA 数据按照与反射率波段一样的投影进行拼接。

MOD09A1 中 QA 的状态描述层中的内部云掩膜标识(internal cloud algorithm flag)可以较精确地反映影像是否有云，本研究中云掩膜数据即采用此 QA 自带的云掩膜标识。根据 MODIS 数据包含的云掩膜波段信息,本节统计了越南全境 2010 年全年的晴空像元数量，以反映云覆盖影响的程度。图 3-1 为 2010 年 MOD09A1 时间序列影像在越南全境的晴空像元统计数据，可以看出，在雨季影像中有超过 50%的像元受云覆盖影响。

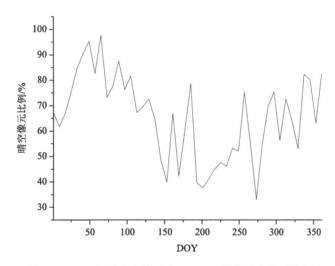

图 3-1 2010 年越南全境时序 MODIS 影像晴空像元比例

3.1.2 时序 MODIS NDVI 数据生成

利用波段比值计算得到的 VI 可以降低由光照条件、地形变化或云影引起的光谱噪声。其中，最常用的 VI 包括 NDVI、EVI 等。一般来说，EVI 在减少背景和大气作用以及饱和问题上优于 NDVI，但本节对比发现，NDVI 比 EVI 振幅大，波动更为敏感(图 3-2)，因此选择 NDVI 时序数据进行降噪分析。

MODIS 数据系列产品中包含 NDVI 产品(MOD13)，其空间分辨率最高为 250 m，但是时间分辨率最高为 16 天，一年内共 23 幅影像，对于每个像元，NDVI 年时序中最多包含 23 个 NDVI 值，无法充分利用高频的观测信息。为此，本节采用

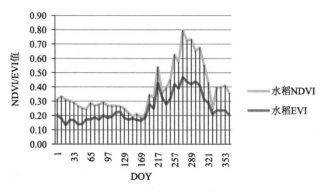

图 3-2　NDVI 与 EVI 曲线对比

8 天的反射率合成产品 MOD09A1，利用第一波段(红)、第二波段(近红外)以及
QA 数据层的状态描述性质量文件计算得到时间分辨率为 8 天的 NDVI 年时序数
据。NDVI 计算如式(3-1)：

$$\text{NDVI} = \frac{\rho_{\text{nir}} - \rho_{\text{red}}}{\rho_{\text{nir}} + \rho_{\text{red}}} \tag{3-1}$$

式中，ρ_{nir} 为红外波段反射率值；ρ_{red} 为红波段反射率值。

3.2　基于 S-G 滤波的 NDVI 时序去云与重建

本节利用 S-G 滤波方法进行降噪，分析参数的不同设置对能够重构的无效像
元长度的影响，即判断连续缺失多少个像元情况下，S-G 方法仍然能够较为准确
地重构时间序列。如果像元连续受到云污染使得 S-G 滤波无法重构时序，则选取
相邻年份时序质量较好的对应像元替换本年度该像元的 NDVI 值。如果相邻年份
找不到可以替换的像元，则使用最近年份对应时相滤波后的 NDVI 值替换本像元
的 NDVI 值，然后再进行滤波。具体流程如图 3-3 所示。

Savitzky-Golay 滤波法是 1964 年由 Savitzky 与 Golay 提出的一种移动窗口的
加权平均算法，通过在滑动窗口内对给定高阶多项式进行最小二乘拟合得出加权
系数(Savitzky and Golay, 1964)，最小二乘拟合使用式(3-2)表示，如下：

$$Y_j^* = \frac{\sum_{i=-m}^{m} C_i Y_{j+i}}{2m+1} \tag{3-2}$$

式中，Y_{j+i} 为 NDVI 原始值；Y_j^* 为拟合值；j 为 NDVI 时序数据中第 j 个数据；C_i
为第 i 个 NDVI 滤波系数；m 为平滑窗口大小的一半，平滑数组包含 $(2m+1)$ 个点。

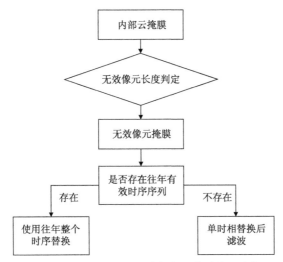

图 3-3 MODIS NDVI 时序去云降噪处理流程

本节无效像元的判断主要根据无效像元最大间隙长度，也就是 S-G 滤波在无效像元间隙大于某个阈值时即无法进行正确拟合。TIMESAT 软件中，对 S-G 滤波使用二次项拟合，拟合次数为 1，拟合时的数据长度由用户自定义。经过反复验证，本节使用最佳拟合半窗口为 4，也就是每次拟合 9 个数据(4×2+1)。

结合 S-G 滤波原理、TIMESAT 中的参数设定，以及多次观察验证，本节发现，在半拟合窗口为 4、拟合多项式次数为 1 的情况下，如果时序数据某像元无效像元长度超过 4，则 S-G 滤波通常无法正确拟合曲线，此时，需要对此像元进行掩膜。图 3-4 为固定无效像元长度时，不同窗口大小的拟合效果。

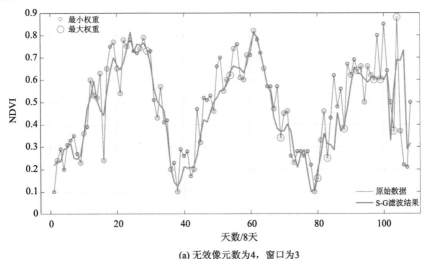

(a) 无效像元数为4，窗口为3

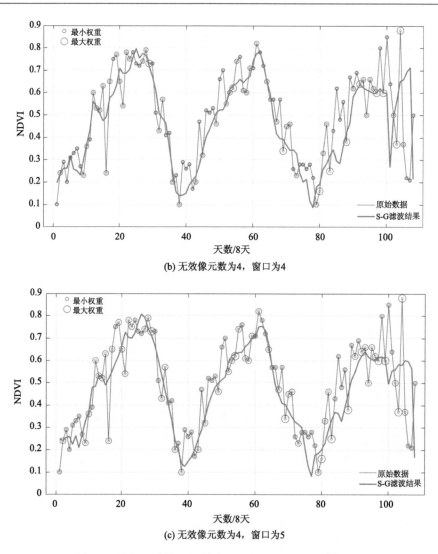

(b) 无效像元数为4，窗口为4

(c) 无效像元数为4，窗口为5

图 3-4　固定无效像元长度时不同窗口大小拟合效果比较

　　可以看出，无效像元数为 4，窗口为 5 时，可将无效像元平滑掉，但同时生长峰值也被平滑。而窗口为 3 时，可较好地体现峰值，但无效像元达不到很好的拟合效果。因此，在窗口选取为 4 时，无效像元大于 4 即无法有效重构数据。

　　TIMESAT 软件中的 S-G 滤波算法过程中可以输入权重，将 S-G 滤波中的默认权重参数替换为用户输入的质量权重。对于 TIMESAT 中质量权重的输入，一般在使用 MOD13 数据集中的 NDVI 产品时，产品自带对 NDVI 的质量评价，可以将质量评估波段（QA）作为质量因子，通过实验将其转化为质量权重输入。而由于 MOD09A1 数据没有直接针对像元进行可信度评价，因此本节结合 MOD09A1 包含的两个 QA 数据层综合评价像元质量。经过比对，选用 QA 描述参数 MOD09 云标记、气溶胶含量、基于 MOD35 的云检测以及观测天顶角和太阳天顶角进行质量评分，作为输入 S-G 滤波中权重的参考(表 3-4)。

表 3-4 基于 MOD09A1 QA 层的 NDVI 数据质量综合评价

比特位	参数名称	像元值范围(整型)	质量评分
10	MOD09 云标记	0、1	5
6～7	气溶胶含量	0～3	2
0～1	基于 MOD35 的云检测	0～2	2
—	观测天顶角≥47°	0、1	2
—	太阳天顶角≥46°	0、1	2

确定最终输入像元质量权重见表 3-5，并对 2010 年的 NDVI 时序数据进行滤波，然后检测相近年份是否有可用像元，如果相邻年份有可用像元，则对 2010 年数据进行处理时，使用最近相邻年份数据进行时序替换或对应像元替换，对替换后的像元进行时序滤波，得到最终 NDVI 时序数据。

表 3-5 输入 TIMESAT 软件的像元质量权重

像素值	含义	综合权重
0～4	像元质量较好	1
5～9	像元质量一般	0.6
10～19	像元质量较差	0.1

3.3 结果与分析

3.3.1 视觉效果

图 3-5 为去云效果视觉比较。图 3-5(a)为应用未经去云处理的 2010 年第 273 天反射率产品计算出的 NDVI 影像，此影像为越南地区 2010 年 MOD09A1 数据中受云覆盖影响最严重的一期影像。可以看出，在云覆盖影响下，影像整体 NDVI 值偏低，尤其在中北部沿海地区、红河平原地区以及湄公河三角洲地区，NDVI 值接近 0.1～0.2，而这部分地区大多数为山地常绿植被或者人工栽培作物，图 3-5 中大部分像元的 NDVI 过低造成失真。图 3-5(b)为直接经过滤波处理后的影像，

可以看到，经过滤波后，大部分区域的 NDVI 值整体提升了，然而由于云覆盖影响严重，区域整体 NDVI 值仍有较大偏差。正处于生长季的耕地或者常绿植被的 NDVI 值本应较高，而直接滤波后 NDVI 影像整体值仍然偏低。图 3-5(c) 为经过本章替换、滤波处理后的 NDVI 影像，可以看出，影像 NDVI 有大幅度提升，且图像 NDVI 值均匀，"颗粒状"噪声点明显减少，影像重构效果明显。

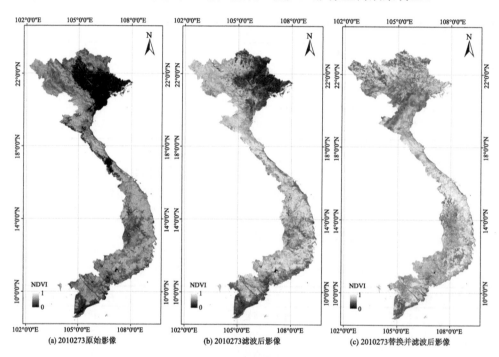

图 3-5　基于 S-G 滤波的 NDVI 影像去云降噪效果

2010273 为儒略日日期

3.3.2　定量评价

定量分析方面，利用单幅影像标准差、时序标准差以及时序 RMSE 值对重构前后的 NDVI 时序数据质量进行评估分析。

1. 单幅影像标准差

标准差反映影像像元值的总体分布信息。有云覆盖的像元点 NDVI 值异常，经过时序 NDVI 平滑后异常值被去除，因此，除非大面积的云覆盖情况，一般来说，标准差越小，重构的 NDVI 影像质量越高。图 3-6 为处理前后的雨季影像（137～

257 天) 单幅影像整体标准差对比。可以看出，经滤波后影像标准差值降低，影像更加均质、平滑。

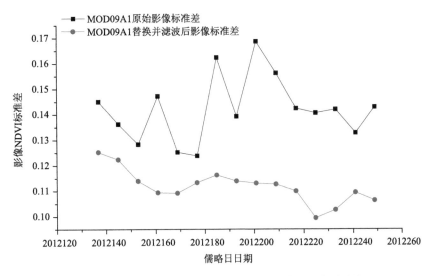

图 3-6　基于单幅影像的雨季 NDVI 标准差处理前后对比

2. 时序数据标准差

时序数据标准差表征时序数据中个体的离散程度。理论上说，热带季风区全年气候适宜，植被生长在年内不会出现剧烈变化，其 NDVI 曲线应较为平滑。因此重构后的时序数据标准差越小表示时序重构质量越好，尤其对于林地，在无云覆盖的理想情况下，NDVI 年内波动很小。对于越南 80%以上为山地的情况，山地常绿植被占总体植被的大部分，因此高质量影像整体 NDVI 时序数据标准差应偏小。而云覆盖影响的 NDVI 时序数据常常呈现"锯齿状"，这是由于云层厚度不同、性质不同，云层的反射率变化也较大，即使一个区域长期被云覆盖，也会产生"锯齿状"现象，造成时序数据标准差变大。因此将时序数据标准差作为判断条件之一。

时序数据标准差计算公式[式 (3-3)]中，N 为时序影像期数；i 为影像期号；$NDVI_{pi}$ 为第 i 幅影像像元 NDVI 值；$NDVI_m$ 为时序像元 NDVI 的平均值。

$$\partial = \sqrt{\frac{1}{N}\sum_{i=1}^{N}\left(NDVI_{pi} - NDVI_m\right)^2} \tag{3-3}$$

根据时序数据标准差计算公式计算出未经处理的 NDVI 时序标准差为

0.07317、仅经过滤波但未替换的时序标准差为 0.05371、经过本节的替换加滤波方法处理后的时序数据标准差为 0.03505。可以看出，重构后的 NDVI 时序影像整体效果更好。

3. 均方根误差

采用均方根误差(RMSE)验证像元点 NDVI 重构的准确性。RMSE 能够反映重构后的时序与 NDVI 真值的拟合一致程度。对于时间序列真值的获得，选取研究区内质量最好的像元点经过 S-G 滤波后的 NDVI 时序值,将同类地物作为一组，获得其相应时间的平均数，以此时序作为 NDVI 真值时序模型，对相同下垫面类型的像元使用 RMSE 评价。RMSE 计算公式见式(3-4)：

$$\text{RMSE} = \sqrt{\frac{\sum_{i=1}^{N}\left(\text{NDVI}_{pi} - \text{NDVI}_{oi}\right)^2}{N}} \tag{3-4}$$

式中，NDVI_{pi} 表示重构后第 i 天的 NDVI 值；NDVI_{oi} 表示模型中对应 i 天的 NDVI 值。

比较区域内下垫面类型相同的像元时序标准差的平均值，得到处理后的各个下垫面类型回归标准差平均值为 0.065074。而未经过处理的数据相同下垫面点回归标准差为 0.156132,经过重构的 NDVI 数据 RMSE 值明显减小，曲线拟合较好。

图 3-7 为下垫面为林地、经过替换的滤波和未经过替换的滤波处理结果。其中，儒略日为 17～32 的时间段序列是经过替换的像元。从下垫面为林地的处理结果来看，由于越南地区林地常年生长旺盛，NDVI 真实值应该呈现全年增减幅度

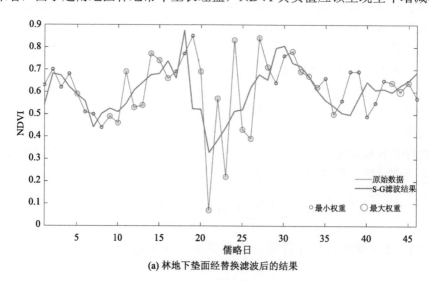

(a) 林地下垫面经替换滤波后的结果

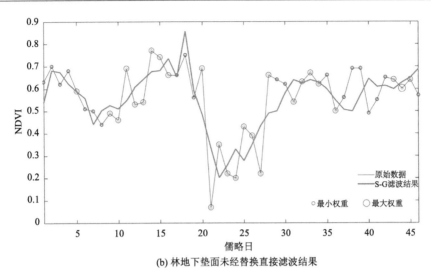

(b) 林地下垫面未经替换直接滤波结果

图 3-7　基于单幅影像的雨季 NDVI 标准差处理前后对比

较小的态势，替换后像元的 NDVI 波动幅度为 0.50～0.78，而未经替换的像元 NDVI 波动幅度为 0.25～0.78。实际上，云、气溶胶等的影响往往造成 NDVI 数据值低于真实值，云覆盖使得雨季期间 NDVI 值小于全年其他时段。经过替换的 NDVI 时序数据减弱了云的影响，但仍然呈现"锯齿状"。这是因为虽然替换了像元，但是往年此区仍有薄云，导致一些时序点受薄云影响，NDVI 值变小失真，但经替换滤波后的影像 NDVI 时序重构效果明显优于未经替换直接进行滤波的效果，NDVI 时序曲线更为平滑，接近真值。

3.4　本 章 小 结

热带季风区雨季多云雨，影像云覆盖严重，利用 MODIS 波段计算得到的 NDVI 时序数据质量偏低，许多像元点 NDVI 时序曲线失真，对遥感时序分析造成困难。本章提出一种滤波和替换相结合的方法，对 MODIS NDVI 时序进行降噪处理，探究了在特定的参数设置下 S-G 滤波算法能够有效重构 NDVI 的最大无效像元间隙长度。滤波和替换相结合的方法对 NDVI 时序数据的重构效果较好，单幅影像标准差平均提高 0.03 以上、时序数据标准差从 0.07317 减少至 0.03505、典型地物平均回归标准差由 0.156132 降至 0.065074。

第 4 章

基于时序相似性的土地覆盖分类

传统的土地覆盖遥感制图大多使用有监督或无监督算法，根据单日期图像不同波段的光谱特征差异进行分类和信息提取(Deng and Wu, 2013; Shoko and Mutanga, 2017)。利用多时态遥感数据进行土地覆盖分类的方法大致分为两类：第一类是基于非结构化时间信息进行土地覆盖分类，将多时态数据直接输入分类器进行聚类或监督分类，如果调换数据的排序，输出的分类结果将不受影响。这种方法虽然利用了全部时间的遥感数据源，但忽略了遥感数据中的时态结构化信息。第二类是在时间序列遥感数据基础上，挖掘结构化时序信息进行土地覆盖分类。为获取这种结构化信息，通常将时间序列遥感影像中每个像元点位置上的光谱值按时间顺序排列，形成不同演化行为的时间序列曲线，通过对像元时间序列曲线形态的整体分析，发现时间序列中的不同地类独特的时间演化特征和趋势，实现土地覆盖分类。

时序相似性度量可以用来评估两个时间序列之间的(不)相似程度，是时间序列数据挖掘的核心内容。通过与已知(参考)序列形状的相似性比对，识别具有相似时间演化行为的类别，提高不同土地覆盖类别的区分度。在数据挖掘领域，已经有多种距离计算方法用于时间序列相似性度量。对于简单的时间序列分类，欧氏距离是一个广泛采用的选择。但应用欧氏距离时，要比较的两个时间序列的时间长度和位置必须是相同的。而对于时间序列遥感，尤其是光学遥感观测来说，受云覆盖及不良天气的影响，时间序列长度和位置通常都是变化的，难以做到两个序列的一一对应。受相似度计算中处理时间扭曲的需求启发，Berndt 和 Clifford(1994)在语音识别中引入了 DTW 算法，以便让一个时间序列被"拉伸"或"压缩"，以提供与另一个时间序列更好的匹配。DTW 对序列的重新调整能力使得在时间轴上进行非线性扭曲成为可能，同时保持两个序列之间的最佳全局对齐。DTW 距离的算法特点使得其对时间的偏移具有较强的抗噪性能，能够根据曲线特征自动匹配季节性物候期。本章以泰国穆河流域为研究区，基于时间序列 MODIS NDVI 数据，利用 DTW 距离作为时序相似性判别工具进行土地覆盖分类探索。

4.1　数据来源与处理

4.1.1　研究区概况

穆河是湄公河的重要支流之一，也是泰国第二长河流，主流长约 673 km。穆河流域位于泰国东北部，14°～16°N，101°30′～105°30′E（图 4-1），是泰国最大的流域，面积约 70500 km^2。流域东邻老挝，南与柬埔寨接壤，包括泰国东北部的呵叻府、武里南府、素林府、四色菊府、乌汶府等 10 个府。

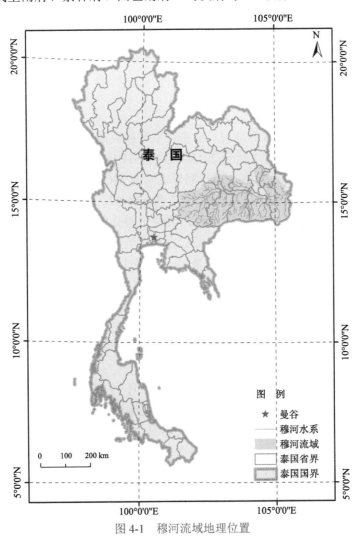

图 4-1　穆河流域地理位置

穆河流域气候类型为热带季风气候,平均年降水量为 1300～1500 mm。周期性的季风变化使得区域内产生了明显的季节分异,主要分为旱季和雨季。每年的 5 月中旬至 10 月上旬为雨季,主要受来自印度洋的西南季风影响,出现高温并伴有丰沛的降水,整个雨季降水量处于 800～1800 mm,通常 8 月和 9 月为最大降水期。10 月中旬至次年 4 月左右为旱季,东北季风带来低温和干燥的天气,平均气温为 16℃左右(Phung et al., 2015; Prabnakorn et al., 2017)。

穆河流域以农业为主要产业,其中水稻种植广泛,多为一年一熟,在有灌溉措施条件下可以达到一年多熟。2016 年联合国粮食及农业组织报道,泰国水稻产量在全球排行前 10,但是平均产量很低,为 3.1 t/hm²。穆河流域水稻产量约 2.3 t/hm²,是泰国水稻产量最低的地区。旱地作物主要为玉米、甘蔗、木薯等。由于水热条件适宜,其农业种植季节灵活。天然林和人工林主要分布于穆河流域南部山区。

4.1.2 数据及预处理

本节所使用的 MODIS 的地表反射率合成产品数据(MOD09Q1)由 USGS 网站提供。获取了 2015 年 1 月 1 日至 2015 年 12 月 31 日 8 天合成的 MOD09Q1 遥感时序数据以及相应的 QA 数据。以行列号表示的 MODIS 数据中,两景影像可覆盖穆河流域全境,其行列号分别为 h27v07 和 h28v07。每景每年共 46 幅影像,其空间分辨率为 250 m,包含两个波段,波段范围分别为 0.620～0.670 nm 以及 0.841～0.876 nm。MOD09Q1 数据产品已完成对气体、卷云及气溶胶的大气校正。由于穆河流域地处热带季风气候区,雨季云量较大,虽然 MOD09Q1 已经是经过最大值合成处理及大气校正后的产品,仍不可避免地受云覆盖影响。因此,在利用 MOD09Q1 反射率影像计算得到 NDVI 时序数据后,采用第 3 章时序滤波和替换相结合的方法降低云和其他因素造成的 NDVI 时序噪声。

4.1.3 野外数据采集

为了获得地物真实分布情况,于 2017 年 2 月 19 日～3 月 7 日、2017 年 8 月 15 日～8 月 27 日对穆河流域进行了两次野外实地考察,记录了每个样点的土地覆盖类型,研究区主要土地覆盖类型包括天然林、人工林、水田、旱地、水体、湿地以及城镇与建设用地。图 4-2 是野外考察过程中采集的一些典型土地覆盖类型的样本点照片。两次考察共记录有效验证点 718 个(图 4-3),覆盖所有主要土地覆盖类型,并且广泛分布在整个研究区内。

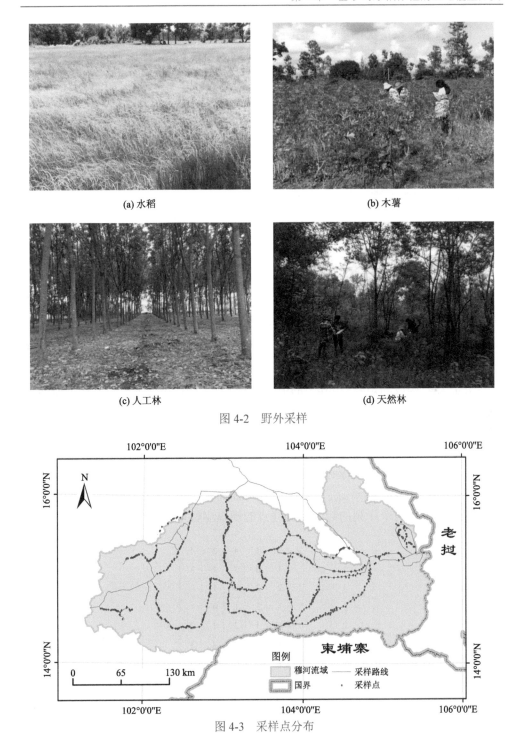

(a) 水稻

(b) 木薯

(c) 人工林

(d) 天然林

图 4-2 野外采样

图 4-3 采样点分布

根据野外考察情况，同时考虑到 MODIS 数据的空间识别能力，制定了穆河流域土地覆盖分类系统。一级类共七类，分别为耕地、林地、草地、湿地、水体、建设用地及其他用地；耕地包含二级类水田和旱地，林地包含二级类人工林和天然林。水田包括三级类单季稻及双季稻，旱地包括三级类木薯、甘蔗及玉米，天然林包括三级类常绿林地和落叶林地。

4.2 研究方法

4.2.1 DTW 算法原理

DTW 距离是一种计算两条时间序列曲线之间最小距离的动态规划算法，它通过动态规整使得不同时间点能够达到最佳匹配。其原理如下。

设两条时间序列 $S^1(t)=\{s_1^1,\ s_2^1,\ \cdots,\ s_m^1\}$，$S^2(t)=\{s_1^2,\ s_2^2,\ \cdots,\ s_n^2\}$，其长度分别为 m 和 n。按照它们的时间位置进行排序，构造 $m \times n$ 矩阵 $A_{m \times n}$。矩阵 $A_{m \times n}$ 中的每个元素间距离为 $a_{ij}=d(s_i^1,\ s_j^2)=\sqrt{\left(s_i^1-s_j^2\right)^2}$。在矩阵 $A_{m \times n}$ 中，把一组相邻的矩阵元素的集合称为弯曲路径，记弯曲路径为 $W=\{w_1,\ w_2,\ \cdots,\ w_k\}$，$W$ 的第 k 个元素为 $w_k=(a_{ij})_k$。图 4-4(a) 为两个时间序列 $S=\{1, 4, 3, 2, 1, 4\}$ 以及 $Q=\{3, 2, 2, 1, 4, 3, 4\}$ 构成的矩阵。矩阵中的值即元素间的距离(序列中相应元素之差的平方根)。在 DTW 距离方法中，在求取弯曲路径时，需保证在满足下列条件的情况下，达到弯曲路径的累加值最小：

条件① 连续性：$\max\{m, n\}<k \leqslant m+n-1$；即弯曲路径上每个点对应的横纵坐标与前一个点的横纵坐标必须是相邻的。

条件② 上下界：$w_1=a_{11}, w_k=a_{mn}$；即弯曲路径上第一个点和最后一个点的横纵坐标分别根据两个序列的起始点和终点的横纵坐标取值。

(a) 动态时间规整路径矩阵

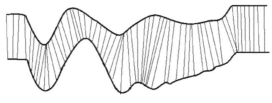

(b) 两条距离的对应关系

图 4-4　DTW 距离原理示意图

条件③ 单调性：对于 $w_k=a_{ij}$, $w_{k-1}=a_{i'j'}$，须满足 $0 \leqslant i-i' \leqslant 1$，$0 \leqslant j-j' \leqslant 1$，则 $\mathrm{DTW}(S_1, S_2)=\min\left(\dfrac{1}{K}\sum\limits_{i=1}^{K}W_i\right)$，即弯曲路径上所有点必须按照时间先后出现。

　　因此，DTW 算法可以归结为运用动态规划思想寻找一条具有最小弯曲代价的最佳路径，即

$$\begin{cases} d(1,1) = a_{11} \\ d(i,j) = a_{ij} + \min\{d(i-1,j-1), d(i,j-1), d(i-1,j)\} \end{cases} \quad (4\text{-}1)$$

式中，$i=2$，3，…，m；$j=2$，3，…，n。通过 DTW 距离进行时序距离的匹配，其时序点对点的对齐方式如图 4-4(b) 所示。由图 4-4(b) 可以看出，两条时间序列距离的波峰与波峰相对应，波谷与波谷相对应。波峰、波谷间曲线斜率不同，DTW 算法仍然对其进行了相应点匹配，达到弯曲距离和最小的效果。

4.2.2　基于 DTW 距离的时序相似性计算

1. 时序曲线构建

　　NDVI 时序曲线构建如图 4-5 所示，依照时间顺序表示每个像元年内的 NDVI 变化情况。MODIS NDVI 影像每个像元数据包含两个属性，分别是其坐标 (x, y) 及其 NDVI 值，NDVI 时间序列可定义为 <$\mathrm{NDVI}_1(x, y)$，$\mathrm{NDVI}_2(x, y)$，…，NDVI_n (x, y)>。对于 8 天合成的 MODIS 数据来说，每个像元在一年中共有 46 个 NDVI 值，因此 n 等于 46。

2. 参考曲线构建

　　为实现时序相似性比对，需要构建典型地物参考曲线。基于野外考察获取的土地覆盖类型样点数据，叠加 2015 年 MODIS NDVI 时序影像，建立了研究区典型土地覆盖类型的参考 NDVI 时序曲线，包括单季稻、双季稻、常绿林地、落叶

林地、人工林地、木薯、甘蔗、玉米、湿地、水体、城镇与建设用地以及草地共12 种地类的参考时序曲线(图 4-6)。

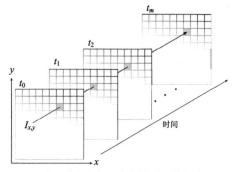

(a) 从三维角度表示遥感时间序列的构建过程

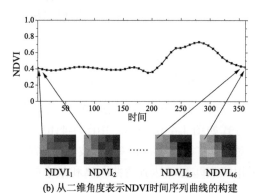

(b) 从二维角度表示NDVI时间序列曲线的构建

图 4-5 NDVI 时序数据生成

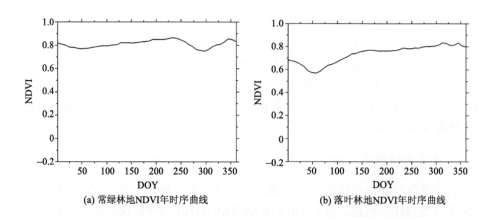

(a) 常绿林地NDVI年时序曲线   (b) 落叶林地NDVI年时序曲线

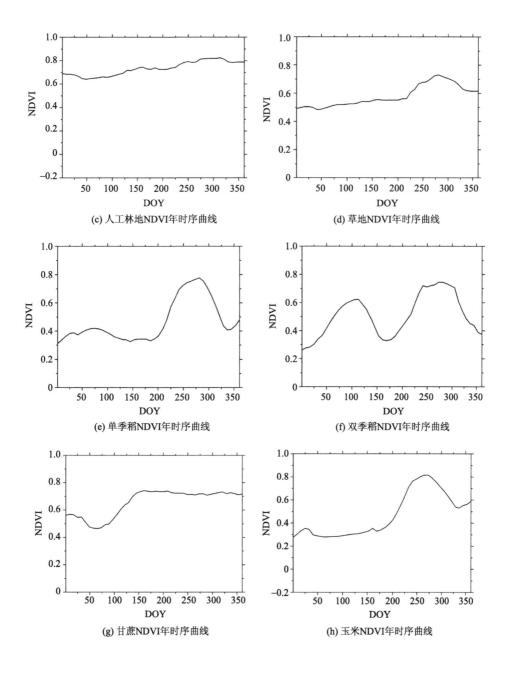

(c) 人工林地NDVI年时序曲线

(d) 草地NDVI年时序曲线

(e) 单季稻NDVI年时序曲线

(f) 双季稻NDVI年时序曲线

(g) 甘蔗NDVI年时序曲线

(h) 玉米NDVI年时序曲线

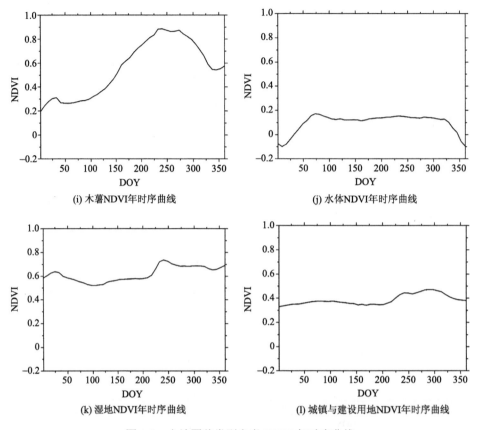

(i) 木薯NDVI年时序曲线   (j) 水体NDVI年时序曲线

(k) 湿地NDVI年时序曲线   (l) 城镇与建设用地NDVI年时序曲线

图 4-6 　土地覆盖类别参考 NDVI 年时序曲线

3. 时序相似度计算

时序相似度计算通过调用 R 语言软件包实现。对所有像元点[$P_i(i=1, \cdots, n)$，其中 n 为像元个数]，逐像元计算其对每个参考地物[$R_j(j=1, \cdots, m)$，其中 m 为土地覆盖类别个数]时序曲线的 DTW 距离 $D_{ij}(i=1, \cdots, n; j=1, \cdots, m)$。距离越小，两条曲线形态越相似，说明此像元越有可能属于对应的参考地物类别。

4.2.3 　阈值分割

在获得每个像元曲线与各个参考地物的 DTW 距离之后，需要确定该像元所属土地覆盖类别。根据距离值确定像元所属土地覆盖类别有以下两种方法。一是取针对该像元计算得到的与所有参考地物距离最小的 $\min_{D_{ij}}$ $(i=1,\cdots,n; j=1,\cdots,m)$ 的地物点作为该像元的土地覆盖类别判定。但这种方法会由于混合像元、时序噪声等影响而造成错分。二是在得到整幅影像像元对地物时序曲线相似度后，设定一距离阈值，提取小于该距离阈值的像元点作为地物类别的判定点。距离阈值的设定可通过采样点验证法获得，具体过程如下：对某地类 DTW 距离值图像生成足够多的随机点，通过 Google Earth 高清影像判断该随机点是否属于该地类，并得到随机点的两个属性，即距离属性和真实类别属性(属于该点记为 1，不属于该点记为 0)。对该组随机点依据距离进行排序，在最理想的情况下，排序后会出现表 4-1 所示情况，假设 10 个采样点对应的像元与某一特定地类的 DTW 距离值分别为 0.1, 0.2,…,1。理想情况下，小于/等于某一距离值(0.6)的所有点都属于该地类，大于某一距离值(0.6)的所有点都不属于该地类。而实际情况中由于某些情况，如遥感时序影像质量问题、混合像元现象等，往往达不到该理想状况，即不存在能够清楚地划分出属于该地类和不属于该地类的阈值。

表 4-1　理想情况下随机采样点 DTW 距离排序与地类属性的对应关系

距离值	0.1	0.2	0.3	0.4	0.5	0.6	0.7	0.8	0.9	1
真实类别属性	1	1	1	1	1	1	0	0	0	0

此时应采用一种最大化正确分类个数、最小化错误分类个数的统计特征进行阈值确定，因此使用 Kappa 系数作为统计指标进行阈值确定。Kappa 系数是一种衡量分类精度的指标。其计算方法见式(4-3)：

$$k = \frac{p_0 - p_c}{1 - p_c} \tag{4-2}$$

式中，p_0 为观测一致率或实际一致率，其计算方法见式(4-4)；p_c 为期望一致率或理论一致率，其计算方法见式(4-5)：

$$p_0 = \frac{a+d}{n} \tag{4-3}$$

$$p_c = \frac{\dfrac{(a+c)\times(a+b)}{n} + \dfrac{(b+d)\times(c+d)}{n}}{n} \tag{4-4}$$

式中，n 为观测总数量，即采样点个数；如表 4-2 表示，a 为实际类别与观测类别都判断为属于该类的采样点数量；b 为实际类别与观测类别都判断为不属于该类的采样点数量；c 为实际类别判断为不属于该类而观测类别判断为属于该类的采样点数量；d 为实际类别判断为属于该类而观测类别判断为不属于该类的采样点数量。

表 4-2　Kappa 系数计算中的符号表示

实际类别	观测类别	
	属于该类(1)	不属于该类(0)
属于该类(1)	a	d
不属于该类(0)	c	b

表 4-3 是一个模拟的非理想情况下采样点阈值排序与真实类别属性间的关系，即在阈值内外均存在无法避免的错分点。根据表 4-3 中的阈值选取得到的分类结果与真实类别属性计算 Kappa 系数，可知当阈值取 0.6 时，得到 Kappa 系数最高值 0.6。因此取距离阈值为 0.6。

表 4-3　非理想情况下随机采样点 DTW 距离排序与地类属性的对应关系

距离值	真实类别属性	阈值取 0.1	阈值取 0.2	…	阈值取 0.6	…	阈值取 1	阈值取大于 1
0.1	1	0	1		1		1	1
0.2	1	0	0		1		1	1
0.3	0	0	0		1		1	1
0.4	1	0	0		1		1	1
0.5	1	0	0		1		1	1
0.6	0	0	0		1		1	1
0.7	0	0	0		0		1	1
0.8	1	0	0		0		1	1
0.9	0	0	0		0		1	1
1	0	0	0		0		0	1
Kappa 系数		0	0.2	…	0.6	…	0.2	0

本节采用第二种方法进行阈值分割对像元进行分类。阈值选取第一步需要生成随机采样点，而一些地类，如草地、落叶林地、常绿林地、人工林地、城镇与建设用地、湿地在整幅影像上的面积小，分布较稀疏，造成不能生成足够的该类别采样点用于阈值提取，因此使用 Google Earth 高清遥感影像上的采样点，如果地类采样点不足 60 个，则补充至 60 个。最终，对所有地类取 60 个点，共得到 600 个采样点。

将每年的采样点叠加对应年份中各类 DTW 距离值图，获得采样点对应地类的 DTW 距离，对其进行排序，将最小 DTW 距离作为阈值开始，直到阈值取值为最大 DTW 距离，计算相应 Kappa 系数。其中，由于水田采样点包括单季稻和双季稻，而旱地类采样点包括玉米、木薯、甘蔗及玉米，无法按单个作物类别曲线进行阈值提取，因此本节首先使用最小值合成，将单季稻 DTW 距离图与双季稻 DTW 距离图进行最小值合成，再通过采样点排序法确定最佳阈值。通过阈值提取将水稻类提取出来后，再通过像元距离值与单季稻或双季稻相匹配的方法区分单季稻和双季稻。使用同样的方法进行旱地各类别的提取。

4.3　结果与分析

4.3.1　主要地类 DTW 距离与分类阈值

2015 年各个地类的参考 NDVI 时序曲线与像元时序曲线的 DTW 距离值如图 4-7 所示。

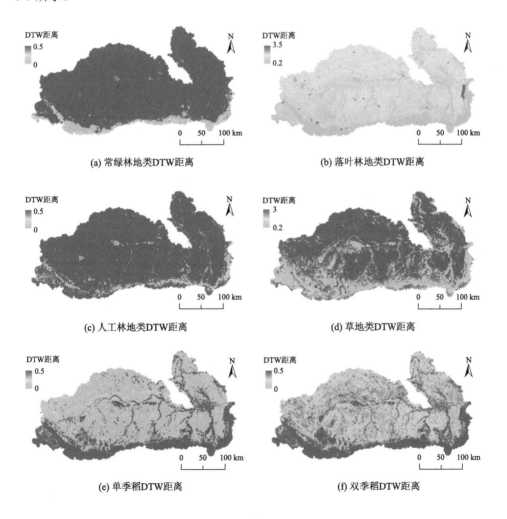

(a) 常绿林地类DTW距离　　(b) 落叶林地类DTW距离
(c) 人工林地类DTW距离　　(d) 草地类DTW距离
(e) 单季稻DTW距离　　(f) 双季稻DTW距离

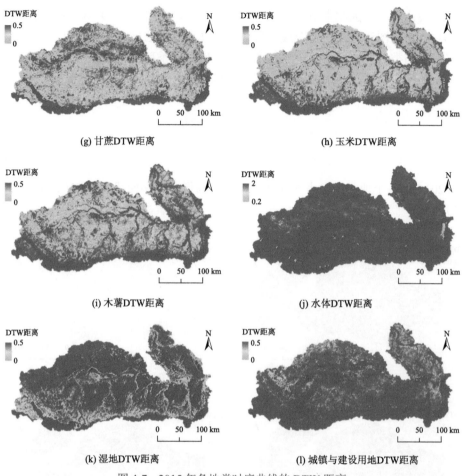

(g) 甘蔗DTW距离

(h) 玉米DTW距离

(i) 木薯DTW距离

(j) 水体DTW距离

(k) 湿地DTW距离

(l) 城镇与建设用地DTW距离

图 4-7 2015 年各地类时序曲线的 DTW 距离

各地类的 DTW 距离排序选取的阈值与相应 Kappa 系数间的关系如图 4-8 所示。

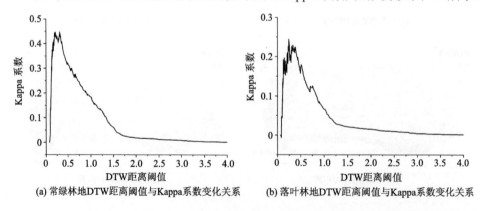

(a) 常绿林地DTW距离阈值与Kappa系数变化关系

(b) 落叶林地DTW距离阈值与Kappa系数变化关系

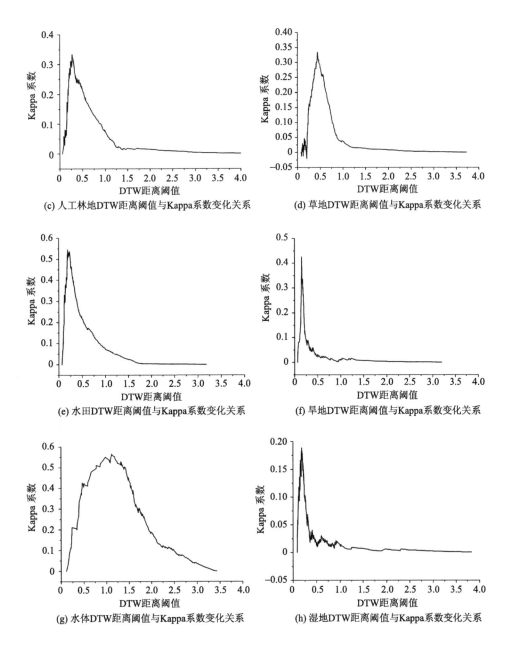

(c) 人工林地DTW距离阈值与Kappa系数变化关系

(d) 草地DTW距离阈值与Kappa系数变化关系

(e) 水田DTW距离阈值与Kappa系数变化关系

(f) 旱地DTW距离阈值与Kappa系数变化关系

(g) 水体DTW距离阈值与Kappa系数变化关系

(h) 湿地DTW距离阈值与Kappa系数变化关系

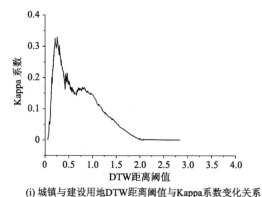

(i) 城镇与建设用地DTW距离阈值与Kappa系数变化关系

图 4-8 DTW 距离阈值排序与 Kappa 系数的对应数值

将单季稻和双季稻合并为水田类，将玉米、甘蔗和木薯合并为旱地类，余同

通过上述阈值选取过程，得到各类 Kappa 系数最高值以及对应的 DTW 距离阈值，见表 4-4。表 4-4 中，地类的最高 Kappa 系数值偏低，首先是一些非耕地类，例如草地和湿地地块小，而 MODIS 像元分辨率较低，导致根据 MODIS 影像难以对这些地物类别以较高的精度分出。其次，各地类之间在阈值提取后也存在重叠，阈值提取后还需利用最小值提取出最终结果。因此，此步骤中得到的 Kappa 系数最高值不代表最终分类结果的 Kappa 系数值。最后，根据所得到的阈值对各地类进行提取。对阈值提取后存在的类别重叠，取 DTW 距离值较小的地类作为最终类别，得到最终土地覆盖结果图。

表 4-4 各类 Kappa 系数最高值及对应的 DTW 距离阈值

土地类型	Kappa 系数最高值	DTW 距离阈值
常绿林地	0.45	0.32
落叶林地	0.24	0.24
人工林地	0.33	0.27
草地	0.33	0.44
水田	0.54	0.34
旱地	0.42	0.29
湿地	0.19	0.18
水体	0.57	1.12
城镇与建设用地	0.33	0.26

4.3.2　分类精度验证

结合 Google Earth 高清遥感影像、野外实测数据以及分类参考数据对土地覆盖分类结果进行精度验证,得到混淆矩阵。验证点共 2987 个。在验证点中未对耕地进行细分,因此将单季稻和双季稻合并为水田类,将玉米、甘蔗和木薯合并为旱地类进行统一验证。土地覆盖分类验证混淆矩阵见表 4-5,分类总体精度为 56.8%。

可以看出,提取的土地覆盖数据,常绿林地的生产者精度和用户精度都较高,而生产者精度高于用户精度,说明常绿林地错分的数量高于漏分的数量;水田的生产者精度为 66.40%,用户精度达到 85.02%,用户精度高于生产者精度,说明水田类漏分的数量高于错分的数量。旱地的分类精度也较高,对于 MODIS 数据提取结果来说,也算理想。水体的提取精度较低,原因是穆河流域除了几个较大的水域外,坑塘较多,而这些坑塘面积较小,难以用 MODIS 数据分辨出来。城镇与建设用地生产者精度和用户精度都较低,其原因是穆河流域的城镇与建设用地以村落为主,MODIS 数据除了几个较大的城镇能够提取出以外,村落难以提取出,造成精度较低。与常绿林地不同,落叶林地和人工林地的分布较为分散,且落叶林地、常绿林地与人工林地曲线较为相似,因此 MODIS 数据对落叶林地和人工林地的分类精度较低。其他地类和草地在穆河流域分布更为破碎且光谱时序曲线与其他地类相似,因此提取精度也偏低。

表 4-5　土地覆盖分类结果各类别生产者精度与用户精度(%)

土地类型	生产者精度	用户精度
常绿林地	86.77	58.99
落叶林地	21.60	29.41
人工林地	17.65	9.68
草地	12.63	15.79
水田	66.40	85.02
旱地	53.58	39.73
湿地	38.24	33.33
水体	30.68	36.99
城镇与建设用地	37.13	32.05
其他	28.57	4.71

4.3.3 土地覆盖分类制图

穆河流域土地覆盖分类如图 4-9 所示。由图 4-9 可以看出，2015 年穆河流域主要土地覆盖类型为耕地类，即水田和旱地。水田大片分布于穆河流域大部分地区，旱地在穆河流域分布也较为广泛，旱地类别中玉米类和木薯类分布较广，主要分布于穆河流域西南部。林地主要类型为常绿林地，分布于穆河流域南部地区。流域东部的诗琳通水库(Sirndhorn reservoir)是面积较大的水域。城镇与建设用地主要出现在穆河流域北部。

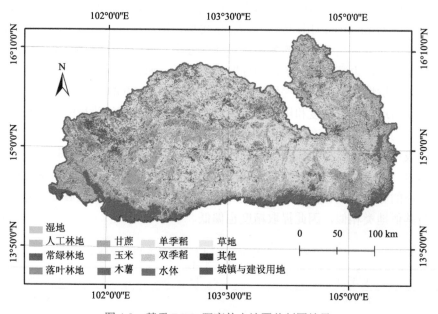

图 4-9 基于 DTW 距离的土地覆盖制图结果

表 4-6 为穆河流域土地覆盖各类别分布面积统计。可以看出，2015 年穆河流域最主要的土地覆盖类别为水稻，其面积占土地覆盖总面积的 44.6%。水稻类包括单季稻和双季稻，其中单季稻占比为 40.5%，双季稻占比为 4.1%。流域土地覆盖面积较大的旱地类占比 26.9%。旱地类包括玉米、木薯和甘蔗。其中玉米总种植面积达到 13381.0 km²，占总土地覆盖面积的 18.9%；木薯种植面积也较大，总种植面积为 4397.3 km²，占总土地覆盖面积的 6.2%；甘蔗总种植面积为 1248.4 km²，占土地覆盖面积的 1.8%。林地类包括常绿林地、落叶林地以及人工林地。林地类总面积占土地覆盖面积的 14.8%。其中，常绿林地占林地类面积比例最高，面积为 5388.0 km²，占土地覆盖面积的 7.6%；落叶林地为 3074.9 km²，占土地覆盖面

积的 4.3%；人工林地总面积为 2041.1 km^2，占土地覆盖面积的 2.9%。

草地类在穆河流域面积占比较少，总面积为 2485.8 km^2，占比为 3.5%。城镇与建设用地面积为 4515.8 km^2，占比为 6.4%。湿地类面积占土地覆盖面积比例较少，主要为河滩湿地，其面积为 686.9 km^2。水体总面积为 1477.7 km^2，占比为 2.1%。其他未分类出的类别主要为裸地和未利用地，其面积较小，为 519.8 km^2，占比为 0.7%。

表 4-6　土地类型面积与占比统计

土地类型	面积/km^2	占比/%
常绿林地	5388.0	7.6
落叶林地	3074.9	4.3
人工林地	2041.1	2.9
单季稻	28560.6	40.5
双季稻	2920.4	4.1
玉米	13381.0	18.9
木薯	4397.3	6.2
甘蔗	1248.4	1.8
草地	2485.8	3.5
湿地	686.9	1.0
水体	1477.7	2.1
城镇与建设用地	4515.8	6.4
其他	519.8	0.7

4.4　本 章 小 结

在遥感时间序列分析中，对时序曲线的整体性分析可以降低序列演化过程中气候、环境等因素的影响。本章介绍了以 DTW 距离为曲线相似度判别方法的土地覆盖分类技术，并对穆河流域土地覆盖进行了分类和制图。精度评价结果表明，基于时序相似性的穆河流域土地覆盖分类整体精度为 56.8%。其中，对穆河流域的主要地类，如常绿阔叶林和水田的分类精度较高，而对其他分布较为分散、破碎的地类分类精度则较低。Kuenzer 等 (2014) 对几种全球土地覆盖产品在湄公河流域的精度进行比较后发现，不同产品间地物类别的一致程度在 20%~50%，可见全球土地覆盖产品在湄公河流域可用性较低。相比之下，基于 DTW 的时序相似性方法提取出的穆河流域土地覆盖类别总体精度较优。

第 5 章

基于局部加权动态时间规整的耕地提取

第 4 章使用基于 DTW 距离方法对穆河流域土地覆盖类别进行提取。然而依据 DTW 距离提取出的耕地类别，尤其是旱地类别，精度较低，其原因是在作物识别时采用了全年 NDVI 时序曲线，而作物识别的关键期主要在生长季，因此非生长季时序曲线的匹配可能成为作物识别的噪声。此外，尽管 DTW 在处理时间漂移方面表现出色（Aghabozorgi et al., 2015），然而曲线的过度对齐也会导致一些问题，如 NDVI 时间序列的弯曲成本距离可能会超过整个生长季节的跨度，从而造成作物识别误差（Maus et al., 2016）。针对穆河流域作物生长特点，本章提出了一种开放边界局部加权 DTW（open boudary local weighted dynamic time warping, OLWDTW）距离改进方法，通过在生长季节曲线部分添加权重，以削弱不太重要的非生长季节曲线间距离对 NDVI 时间序列整体相似性的影响，以减少过度对齐问题。通过将两条曲线之间的相似性度量集中在作物生长季以提高作物识别精度。

5.1 开放边界局部加权 DTW 方法

5.1.1 模型构建

DTW 方法是边界开放的，其含义没有对弯曲路径进行限制。但是这种开放边界的特点是，在进行作物识别时，会出现识别路径的过度弯曲而与其他类别参考曲线距离相近，从而导致错分。在作物识别过程中，尽管 NDVI 时序曲线整体可提供一些背景信息，如土壤背景、下垫面植被生长情况等，但是作物间的主要区别在于其生长季曲线形状不同。基于此原理提出 OLWDTW 方法，即在 DTW 公式[式(4-2)]基础上，对作物参考时序曲线的生长期节点进行局部加权。其原理见式(5-1)，假设作物参考时序曲线的生长期位于第 i_1 幅影像至第 i_m 幅影像，OLWDTW 距离即在弯曲路径匹配不变的基础上，而对生长期节点的 DTW 距离进行局部加权，所加权重值记为 σ。

$$\begin{cases} \text{if } i_1 \leqslant i \leqslant i_m \\ \text{then} D(i,j) = a_{ij} + d(i,j) \times \sigma \end{cases} \tag{5-1}$$

OLWDTW 在耕地作物类别识别中的优势在于其加强了作物生长期在年时序曲线中的重要性，弱化了作物非生长期曲线匹配产生的噪声干扰，并且在作物种植时间跨度较大时，降低因弯曲路径较长、DTW 距离值增大而导致的错分。

为了说明 OLWDTW 距离的优势，本节模拟了水稻的 NDVI 时序曲线、旱地作物 NDVI 时序曲线，以及参考水稻 NDVI 时序曲线(图 5-1)，以分析比较 OLWDTW 与 DTW 的差异。图 5-1 中，模拟的水稻 NDVI 时序曲线与模拟的参考水稻 NDVI 时序曲线生长期形态相同，而生长期开始时间不同。

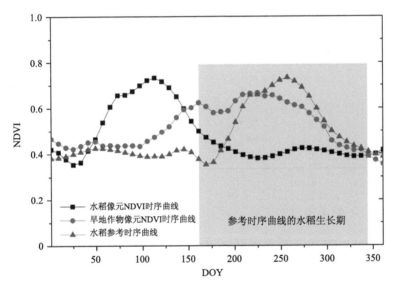

图 5-1　三个时序曲线相似度对比(其中水稻像元 NDVI 时序曲线与水稻参考时序曲线的生长期形态相同)

图 5-1 中的水稻及旱地作物像元 NDVI 时序曲线与水稻参考时序曲线的传统 DTW 距离(即权重 σ 为1)分别为 0.501 和 1.433。利用 OLWDTW 方法时对水稻参考时序曲线生长期进行加权。水稻参考 NDVI 时序曲线的生长期位于第 $161 \sim 345$ 天，对应影像层号为 20 和 43，即在式(5-1)中 i_1 值为 20，i_2 值为 43。对式(5-1)中的权重 σ 分别取不同的整数值，并计算水稻及旱地的 NDVI 时序曲线与水稻参考曲线的 OLWDTW 距离，所得结果见表 5-1。如表 5-1 所示，当权重 σ 的值不断增大时，水稻 NDVI 时序曲线与水稻参考 NDVI 时序曲线的 OLWDTW 距离保持

不变，其原因是水稻 NDVI 时序曲线生长期形态(值)与水稻参考 NDVI 时序曲线生长期形态(值)相同。因此两个曲线的距离为 0，尽管权重 σ 增大，对具有相同生长期形态的两个曲线距离不产生影响。而旱地作物 NDVI 时序曲线与水稻参考 NDVI 时序曲线的 OLWDTW 距离逐渐增大，这是由于两个曲线本身在生长期的形态就具有较大差异，权重 σ 的增大放大了这种差异。同种作物间生长期曲线差异较小，不同作物间生长期曲线差异较大，因此权重 σ 的增大将加强不同作物间曲线相似性度量的区分度。但是研究过程中发现，权重 σ 的不断增大并非能够不断增加区分度，针对不同的作物和区域，需要结合采样点和 Kappa 系数选取权重 σ，使基于 OLWDTW 距离的作物分类达到最高精度。

表 5-1　水稻和旱地作物 NDVI 时序曲线与水稻参考 NDVI 时序曲线在不同权重值下的 OLWDTW 距离

σ 值	水稻曲线距离	旱地作物曲线距离
1	0.501	1.433
1.5	0.501	1.859
2	0.501	2.284
2.5	0.501	2.710
3	0.501	3.136

5.1.2　OLWDTW 参数选取方法

由前述 OLWDTW 构建原理可知，OLWDTW 方法的关键在于权重 σ 的选择。与传统 DTW 距离的阈值选取相似，基于 OLWDTW 距离的作物分类也是选取能使 Kappa 系数达到最大的权重 σ 值。

在解释如何选择参数 σ 之前，先解释如何在相似性度量结果影像上选择阈值以获得最高的分类精度。首先使用 DTW/OLWDTW 距离法比较每个像素的 NDVI 时间序列与参考 NDVI 时间序列之间的相似度。一个像素的 NDVI 时间序列与参考 NDVI 时间序列之间的距离值越小，该像素越有可能属于参考 NDVI 时间序列的土地覆盖类型。然后，需要选择一个阈值。距离值高于阈值的像素被认为不属于参考 NDVI 时间序列的耕地类型。在选择阈值时要保证最高的 Kappa 系数值，那些距离值低于阈值的像素被认为属于参考 NDVI 时间序列的耕地类型。阈值的获得分为以下三个步骤。

(1)将随机选取的样本点按与参考 NDVI 时间序列的距离大小排列。

(2)按距离阈值由小到大的顺序计算对应的 Kappa 系数。

(3)确保阈值带来最高的 Kappa 系数。

权重 σ 的选取可分为以下几个步骤。

(1)随机取采样点，得到采样点的作物类别属性(属于该作物或不属于该作物)。

(2)通过实验发现，一般最佳权重 σ 取值不超过 5。因此从 1.5、2、2.5、3、3.5、4、4.5 及 5 几个权重选取上计算采样点对应像元的 NDVI 时序曲线与作物参考 NDVI 时序曲线的 OLWDTW 距离。

(3)依据第 4 章对距离阈值选取的方法，得到在不同权重 σ 下，采样点可达到的最高 Kappa 系数值。取最高 Kappa 系数值最大的权重 σ 作为 OLWDTW 方法中的权重参数，则取得最高作物分类精度。

(4)通过步骤③中得到的阈值对作物进行提取。

5.2　结果与分析

5.2.1　不同耕地类别的 OLWDTW 距离计算

利用得到的作物生长曲线(第 4 章)，根据曲线拐点提取作物生长期，其中，单季稻生长期为第 207~321 天，对应的 MODIS NDVI 时序数据为第 26~41 幅影像。双季稻第一季生长期为第 41~153 天，对应的 MODIS NDVI 时序数据为第 6~20 幅影像；第二季生长期为第 193~353 天，对应的 MODIS NDVI 时序数据为第 25~45 幅影像。甘蔗的生长期为第 97~361 天，对应的 MODIS NDVI 时序数据为第 13~46 幅影像。玉米的生长期为第 177~329 天，对应的 MODIS NDVI 时序数据为第 23~42 幅影像。木薯的生长期为 105~329 天，对应的 MODIS NDVI 时序数据为第 14~42 幅影像。

根据式(5-1)，通过不同 σ 值求得每类作物的 OLWDTW 距离，并根据阈值选取方法选择能够达到的 Kappa 系数最高值。比较在不同 σ 值下使用 OLWDTW 距离方法能够达到的最大 Kappa 系数值的大小，选取达到的最大 Kappa 系数值最高的 σ 值作为 OLWDTW 距离方法的权重，对作物生长期进行加权并计算 OLWDTW 距离，通过求得的最佳阈值对作物进行提取。图 5-2 列举了 2015 年单季稻在不同 σ 值下的 OLWDTW 距离。

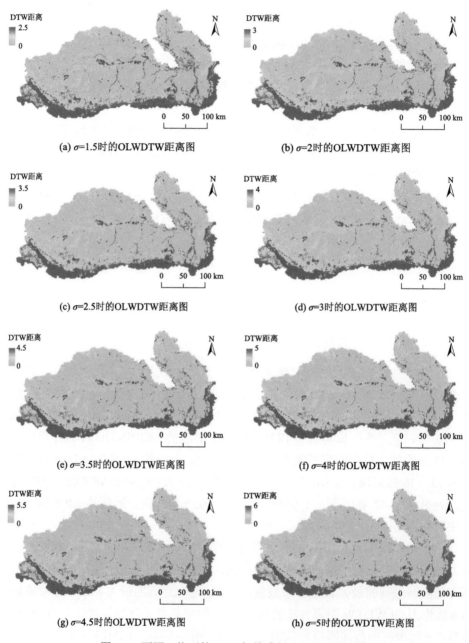

(a) σ=1.5时的OLWDTW距离图

(b) σ=2时的OLWDTW距离图

(c) σ=2.5时的OLWDTW距离图

(d) σ=3时的OLWDTW距离图

(e) σ=3.5时的OLWDTW距离图

(f) σ=4时的OLWDTW距离图

(g) σ=4.5时的OLWDTW距离图

(h) σ=5时的OLWDTW距离图

图 5-2　不同 σ 值下的 2015 年单季稻 OLWDTW 距离

5.2.2　OLWDTW 距离阈值选取

阈值选取第一步需要生成随机采样点。将采样点叠加不同权重因子 σ 值下的 OLWDTW 距离值图，并获得采样点对应地类在不同权重因子 σ 下的 OLWDTW 距离。应用与传统 DTW 距离相同的阈值提取方法，计算不同权重因子 σ 下的最大 Kappa 系数，最后取 Kappa 系数最大的 σ 值作为权重。最后应用该 σ 值计算出 OLWDTW 距离，选取最大 Kappa 系数对应的阈值进行作物类别提取。应用 OLWDTW 距离需对不同地物类别采取不同的权重因子 σ 进行生长季曲线的加权，由于各曲线的最佳权重因子 σ 不同，且加权的生长季长短不同，因此不能直接将单季稻和双季稻合并为水田类进行阈值选取。旱地类别的甘蔗、木薯和玉米也如是。因此需要在水田类采样点中将单季稻和双季稻分开，且在旱地类中将甘蔗、木薯和玉米分开。由于从谷歌高分影像获取的水稻样点难以确定是单季稻还是双季稻，因此，本章通过逐个判断样点时序形态以区分水田和旱地类别。每种类别取 60 个采样点，其他类别的采样点同第 4 章。

为节省篇幅，仅列举单季稻 OLWDTW 在不同权重因子 σ 下的 Kappa 系数与阈值间的关系，如图 5-3 所示。

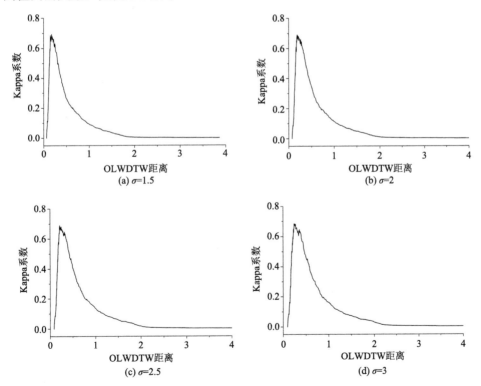

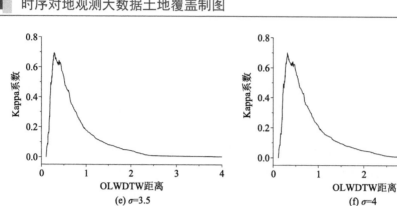

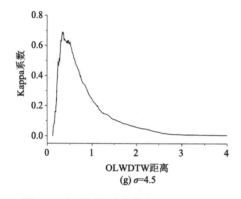

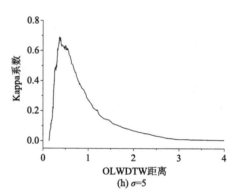

图 5-3　在不同权重参数值下 OLWDTW 距离阈值排序与 Kappa 系数间的变化(单季稻)

由图 5-3 可知,当权重因子 σ 取值为 1.5 时,最大 Kappa 系数为 0.692,其对应的 OLWDTW 距离值为 0.179。以此类推可知,当权重因子 σ 取值为 4 时,最大 Kappa 系数为 0.700,可达最佳精度。

最终,得到每类作物 OLWDTW 距离的权重因子 σ 的取值,以及对应的阈值,见表 5-2。

表 5-2　作物类 Kappa 系数最高值及对应的在不同权重因子下的 OLWDTW 距离阈值

作物	σ	1.5	2	2.5	3	3.5	4	4.5	5
单季稻	MKC[1]	0.692	0.690	0.690	0.685	0.694	0.700	0.690	0.690
	DTV[2]	0.179	0.212	0.221	0.244	0.287	0.313	0.339	0.366
双季稻	MKC	0.806	0.815	0.795	0.795	0.787	0.787	0.780	0.785
	DTV	0.268	0.343	0.425	0.493	0.581	0.653	0.737	0.857
木薯	MKC[1]	0.716	0.689	0.672	0.667	0.646	0.635	0.626	0.619
	DTV[2]	0.269	0.325	0.384	0.437	0.490	0.554	0.606	0.698

续表

作物	σ	1.5	2	2.5	3	3.5	4	4.5	5
玉米	MKC	0.187	0.182	0.183	0.190	0.190	0.197	0.197	0.194
	DTV	0.355	0.405	0.456	0.510	0.545	0.552	0.582	0.642
甘蔗	MKC	0.199	0.197	0.197	0.208	0.203	0.206	0.217	0.221
	DTV	0.190	0.278	0.307	0.325	0.443	0.457	0.458	0.493

注：1. 最大 Kappa 系数值(maximum Kappa coefficient, MKC)；2. 距离阈值(distance threshold value, DTV)。

根据所得到的最大 Kappa 系数值可知，单季稻类使用权重因子 σ 为 4 时能够得到其最大 Kappa 系数值；双季稻类使用权重因子 σ 为 2 时能够得到其最大 Kappa 系数值；木薯类使用权重因子 σ 为 1.5 时能够得到其最大 Kappa 系数值；玉米类使用权重因子 σ 为 4 或 4.5 时能够得到其最大 Kappa 系数值；甘蔗类使用权重因子 σ 为 5 时能够得到其最高 Kappa 系数值。最终选取的阈值见表 5-3。

表 5-3　OLWDTW 权重因子 σ 以及 OLWDTW 距离阈值

作物	σ	DTV
单季稻	4.0	0.313
双季稻	2.0	0.343
木薯	1.5	0.269
玉米	4.5	0.352
甘蔗	5.0	0.493

应用这些权重因子计算 OLWDTW 距离并根据阈值对水田类与旱地类进行提取。其中，不同类别间可能存在重叠现象，与传统的 DTW 距离处理类别重叠时的方式不同，由于不同旱地类与水田类的 OLWDTW 距离权重因子不同，所对应的 OLWDTW 距离差别较大，所以直接采取相对较小的 OLWDTW 距离提取重叠部分耕地类别不妥。因此，本节对于通过 OLWDTW 距离提取出的水田和旱地中的重叠部分由原始 DTW 距离判断其所属类别，即在各个类别的重叠部分，如果类别 A 的原始 DTW 距离小于类别 B 的原始 DTW 距离，则判断其为类别 A。最终得到 2015 年耕地分布。

5.2.3　耕地作物分类

经过提取，得到 2015 年的穆河流域耕地类别作物分布如图 5-4 所示。

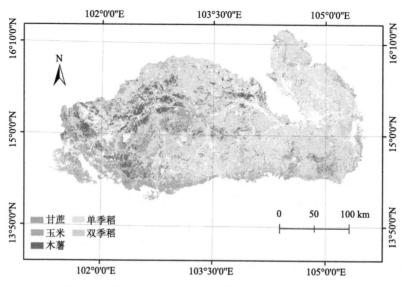

图 5-4　基于 OLWDTW 距离的穆河流域耕地提取结果

图 5-4 中，基于 OLWDTW 距离提取的耕地类别中，单季稻分布情况大致与基于原始 DTW 距离提取的单季稻分布相似，其面积比例也最高，大约占耕地面积的 56.94%（表 5-4）。其次，玉米面积占比为 23.74%，木薯面积占比为 11.01%。双季稻和甘蔗分布面积较小，其中双季稻面积占比为 5.21%，甘蔗面积占比为 3.10%。

表 5-4　基于 OLWDTW 距离提取的穆河流域耕地类别面积与占比统计

类别	面积/km²	占比/%
单季稻	24630.67	56.94
双季稻	2255.16	5.21
木薯	4764.67	11.01
玉米	10269.98	23.74
甘蔗	1336.48	3.10
耕地总面积	43256.96km²	

5.2.4　精度分析

1. 分类精度验证

为了与基于 DTW 距离提取的耕地类别进行比较，且三级类的采样点较难获取，因此本章采用与基于 DTW 距离方法验证的相同采样点对耕地类进行验证，即对单季稻和双季稻不做分开验证，统一使用水稻类采样点进行验证。旱地类别中木薯、玉米和甘蔗类则统一采用旱地类采样点进行统一验证。采用 2987 个验证点进行土地覆盖分类结果验证。验证混淆矩阵见表 5-5。

表 5-5　基于 OLWDTW 距离提取的穆河流域耕地类别精度验证混淆矩阵

真实类别	分类类别			总计
	非耕地	旱地	水田	
非耕地	515	188	132	835
旱地	171	326	48	545
水田	380	148	1079	1607
总计	1066	662	1259	2987

2. 分类精度比较

为了说明基于 OLWDTW 距离提取耕地的效果，本节将传统 DTW 距离方法提取的耕地类别与基于 OLWDTW 距离方法提取的耕地类别进行了制图提取精度与用户精度的比较，生产者精度以及用户精度比较结果见表 5-6。由表 5-6 可以看出，耕地提取总体精度为 64.2%。其中，水田类的生产者精度为 67.14%，用户精度为 85.70%，旱地类的生产者精度为 59.82%，用户精度为 49.24%。

表 5-6　基于 OLWDTW 距离以及传统 DTW 距离提取的耕地类别生产者精度及用户精度比较

类别	生产者精度/%		用户精度/%	
	DTW	OLWDTW	DTW	OLWDTW
旱地	53.58	59.82	38.99	49.24
水田	66.40	67.14	85.02	85.70

由表 5-6 可以看出，基于 OLWDTW 距离提取的水田和旱地类别生产者精度高于基于传统 DTW 距离提取的水田和旱地类生产者精度，其中，基于 OLWDTW 距离提取的旱地类生产者精度，比基于传统 DTW 距离提取的旱地类生产者精度高 6.24 个百分点。用户精度方面，基于 OLWDTW 距离提取的旱地类用户精度明显高于基于传统 DTW 距离提取的旱地类用户精度，高出 10.25 个百分点。基于 OLWDTW 距离提取的水田用户精度比基于传统 DTW 距离提取的水田用户精度略高，高出约 0.7 个百分点。

从基于传统 DTW 距离提取的耕地类比较中可知，基于 OLWDTW 距离提取的旱地类精度有较为明显的提升，水田类稍有提高。总体而言，基于 OLWDTW 距离提取的穆河流域耕地类精度优于基于传统 DTW 距离提取的耕地类精度。

5.3 讨　论

本章提出一种 OLWDTW 方法。选择开放边界动态时间弯曲是因为它适合东南亚作物种植季节条件灵活的特点，在比较时间序列相似性时不需要时间约束，动态时间规整的开放边界特点能够使两个 NDVI 时间序列之间的相位偏移对齐。而农作物生长期的时间序列形态对农作物识别更为重要，适当提高生长期曲线部分的权重系数有助于提高耕地的区分度。实验结果表明，OLWDTW 方法在旱地和水稻田分类中获得了比传统 DTW 方法更好的效果。

选择合适的加权因子 σ 对于 OLWDTW 距离法的应用非常关键。在不同地区，某一类别曲线的加权因子 σ 并不是固定不变的。因此，在对大面积耕地进行分类时，应选择足够多且分布均匀的采样点来确定权值。由于分类方法是基于阈值提取的，而不同的类别可能会产生阈值重叠区域。OLWDTW 方法处理重叠区域的方法是将 Kappa 系数较低的作物替换为 Kappa 系数较高的作物，这有可能会带来一些误差。

此外，利用时态信息带来的分类精度的改善仍受 MODIS 较低的空间分辨率限制。由于旱地作物和丘陵山区稻田的地块面积较小，较为破碎，相对于 MODIS 250 m 的空间分辨率来说，混合像元严重，这在一定程度上影响了对耕地尤其是旱地提取的精度。在充分利用遥感时间序列信息的基础上进一步提高空间分辨率仍需进一步探索。

5.4 本章小结

考虑到耕地作物识别中更为关键的生长期特征，本章引入局部加权的概念，构建了 OLWDTW 方法，以提高耕地作物识别精度。本章介绍了基于 OLWDTW 方法提取耕地作物的原理，以及较为关键的加权因子的选择方法。利用 OLWDTW 方法对穆河流域耕地提取的结果表明，耕地提取总体精度为 64.2%。其中，水田类的生产者精度为 67.14%，用户精度为 85.70%，旱地类的生产者精度为 59.82%，用户精度为 49.24%。基于 OLWDTW 方法提取的旱地类生产者精度比基于传统 DTW 方法高 6.24 个百分点，用户精度则高出 10.25 个百分点。基于 OLWDTW 方法提取的水田的用户精度比基于传统 DTW 方法提取的水田的用户精度略高。总体看，基于 OLWDTW 方法提取耕地作物类别方面具有一定的优势。

第 6 章

基于时空信息融合的土地覆盖分类

利用高重访周期的时间序列遥感数据，如 MODIS 数据可获得连续的地物时序特征，在监测土地覆盖变化方面具有一定的优势，然而其空间分辨率较低，混合像元严重，对一些面积较小、分布较为破碎的土地覆盖类别提取精度较低(Busetto et al., 2008)。另外，虽然利用中高空间分辨率遥感数据，如 Landsat 数据能获得更为精细的土地覆盖信息，然而受 Landsat 卫星重访周期的限制，以及成像时云覆盖、气溶胶、雾霾等的影响，高质量 Landsat 数据影像需要相对较长的时间才能获取，无法充分利用地物变化的时序信息。因此将 MODIS 时序数据与可获取的高质量 Landsat 数据信息进行融合，可集成 MODIS 数据的时间连续光谱信息与 Landsat 数据的空间细节光谱信息，以提高土地覆盖分类精度。决策融合是信息融合处理中的最高层次，是在对每个数据源经过初步分类后，对来自几个单独数据源的信息进行融合的过程。为充分利用 MODIS 高时序信息和 Landsat 数据的高空间分辨率特征,本章提出了一种基于线性权重赋值法的时空融合模型，在决策层级上提高土地覆盖分类精度。

6.1 遥感数据源

仍以泰国穆河流域土地覆盖分类为例进行模型应用与验证。其中，MODIS 数据来源及处理同第 4 章。Landsat-8 OLI 数据从 USGS 网站获取，共八景影像可覆盖研究区。影像获取时间均为 2015 年，为了尽量获取同一时段的无云影像，八幅影像均取 2015 年 1 月、2 月影像(表 6-1)。利用 ENVI 4.8 软件中的 FLAASH 大气校正模型模块对 Landsat-8 OLI 数据进行大气校正。

由于融合时要求 MODIS 像元边界与 Landsat 像元边界重合,因此需将 Landsat 数据重采样至 25 m。这样一个 MODIS 像元内恰好包含 100 个 Landsat 像元。

表 6-1　Landsat 影像获取时间

影像行-列号	获取时间(年.月.日)	影像行-列号	获取时间(年.月.日)
126-049	2015.01.31	126-050	2015.01.31
127-049	2015.02.07	127-050	2015.02.07
128-049	2015.01.29	128-050	2015.01.29
129-049	2015.02.05	129-050	2015.02.05

6.2　基于线性权重赋值法的决策级融合模型

6.2.1　算法原理

基于决策融合思想，利用 MODIS 影像的时序相似性得到模糊分类值，利用基于面向对象方法和最邻近法得到 Landsat OLI 影像的模糊分类值，并利用权重求和得到影像对象最终隶属度值。研究框架如图 6-1 所示。

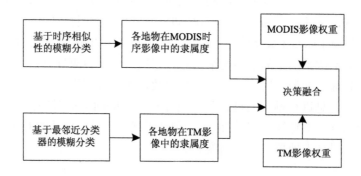

图 6-1　MODIS 时序影像与 Landsat TM/OLI 影像决策融合研究框架

假设一幅图像共有 n 种类别，即 $Q=\{Q_1, Q_2, Q_3, \cdots, Q_n\}$。在一个 MODIS 像元内，根据 MODIS 时序特征进行分类，得到的 n 个模糊分类值分别为 $M=\{M_1, M_2, M_3, \cdots, M_n\}$，代表此 MODIS 像元隶属于 Q 中每一类的隶属度；一个 Landsat OLI 像元内，根据 Landsat OLI 模糊分类得到的 n 个模糊分类值分别为 $L=\{L_1, L_2, L_3, \cdots, L_n\}$，代表此 Landsat OLI 像元隶属于 Q 中每一类的隶属度；对基于模糊分类的 MODIS 时序影像与 Landsat OLI 影像分类结果进行精度验证，得到 MODIS 与 Landsat OLI 对 Q 中每一类分类精度 $M_c=\{M_{c1}, M_{c2}, M_{c3}, \cdots, M_{cn}\}$ 及 $L_c=\{L_{c1}, L_{c2}, L_{c3}, \cdots, L_{cn}\}$。一般决策融合得到各分类结果的值与权重即可，即像元最终隶属度值为 Membership= $M \times M_c + L \times$

L_c。但 $M \times M_c$ 与 $L \times L_c$ 不统一。即 $M \times M_c$ 得到的值为 MODIS 影像像元的隶属度,而 $L \times L_c$ 得到的值是 Landsat OLI 影像像元的隶属度。而 MODIS 影像分类精度与混合像元混合程度有关。

本节利用面向对象方法得到 MODIS 像元内地物数量,并聚合 MODIS 像元内的 Landsat OLI 影像,在影像对象尺度上对 MODIS 时序影像和 Landsat OLI 影像进行决策分类得到地物分布,即一幅影像 $Q = \{1, 2, 3, \cdots, n\}$ 共有 n 种类别,依据 MODIS 像元范围对 Landsat OLI 影像进行多尺度分割,生成一个或多个影像对象,如图 6-2(a)所示,认为影像对象内的所有像元属于同一种地类。一个 MODIS 像元内的所有影像对象,在 MODIS 影像分类过程中得到 n 个模糊分类值,分别为 $M = \{M_1, M_2, M_3, \cdots, M_n\}$,每个对象得到的 MODIS 数据隶属度集合值相同,代表此影像对象在 MODIS 时序影像特征提取下隶属于 Q 中每一类的隶属度;对每个影像对象,依据 Landsat OLI 影像的波段和纹理特征以及对象自身的形状特征等使用基于最邻近法的模糊分类,得到的 n 个模糊分类值分别为 $L = \{L_1, L_2, L_3, \cdots, L_n\}$,代表此影像对象在 Landsat OLI 影像特征提取下隶属于 Q 中每一类的隶属度。MODIS 影像以其时序特征优势,在大区域单一种植的地类点上具有较高的提取精度,而由于混合像元影响,MODIS 影像在地表景观破碎地区的提取精度降低。因此决策融合权重 M_c 应同时取决于影像对象占 MODIS 像元比例及 MODIS 像元对不同类别的提取精度。因此,需要计算不同占比下 MODIS 像元对影像对象的分类精度 M_{cq} 作为 MODIS 对影像对象分类权重。基于 Landsat OLI 影像特征提取的分类精度则直接由其提取精度 $L_c = \{L_{c1}, L_{c2}, L_{c3}, \cdots, L_{cn}\}$ 得到。最终影像对象的隶属度值 Membership$= M \times M_{cq} + L \times L_c$,分类结果为影像隶属度最大值的类别,如图 6-2(b)所示。

6.2.2　基于线性权重赋值法的决策级融合算法

基于线性权重赋值法的决策级融合实施过程如图 6-3 所示,具体包括如下步骤。

(1)采用时序相似度匹配方法,逐像元比较 MODIS NDVI 时序曲线与地物参考 NDVI 曲线相似度,并将此相似度作为 MODIS 模糊分类的隶属度。

(2)采用多尺度分割算法将 Landsat 影像进行分割[在 MODIS 像元内的分割,图 6-2(a)],并利用最邻近分类器(NN)对 Landsat 影像进行面向对象的模糊分类,得到各个类别的隶属度。

(3)通过验证点及混淆矩阵计算基于时间序列 MODIS NDVI 影像的模糊分类精度,以及 Landsat 数据的模糊分类精度。

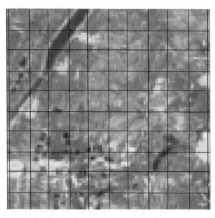 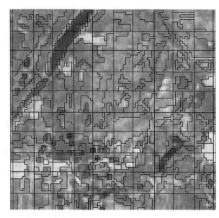

(a) 多尺度分割案例

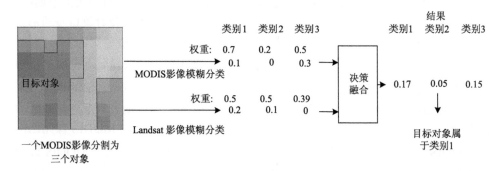

(b) 分类结果为隶属度最大值示意图

图 6-2   基于 MODIS 影像像元范围的 Landsat OLI 融合影像分割与融合

(4)将 MODIS 数据分类精度和 MODIS 模糊分类隶属度相乘后,将其与 Landsat 数据分类精度和 Landsat 模糊分类隶属度相乘的结果相加,最终得到各个像元对每个分类类别的隶属度。

6.2.3   参数获取

传统的决策融合方法中所使用的权重一般是全局精度,即单个数据源数据质量或影像的分类精度。而本节在选择权重时考虑到不同分辨率影像分类结果的地学特征,即土地类别异质性对粗分辨率影像分类的影响,单纯使用 MODIS 分类的全局精度对 MODIS 数据分类结果进行加权不太合理。更合理的做法是,考虑MODIS 数据分类结果的这一特点,将土地异质性特征加入权重因子当中。本节做法是先将 Landsat 数据进行 MODIS 像元内分割,产生的分割对象作为一类,其面积占MODIS像元面积越大,则MODIS对该对象最终分类结果的"决定权"越大,具体的融合参数获取方法如下。

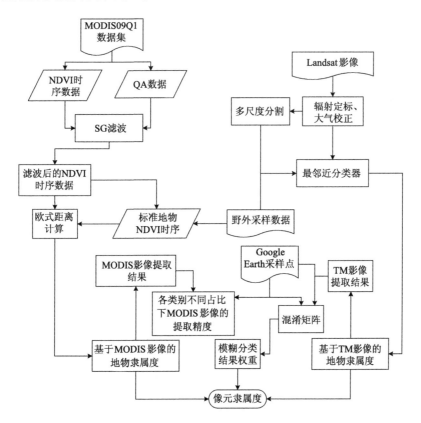

图 6-3　基于线性权重赋值法的决策级融合技术流程

1. MODIS 数据模糊分类方法

采用欧氏距离对 MODIS 时序曲线进行相似性度量，将得到的距离值作为模糊分类隶属度的参考值 M。其原理是首先计算像素的 NDVI 时序与各个地物的参考 NDVI 时序的欧氏距离，即每个像素获得了 n 个欧氏距离值，n 为地物类型个数。此欧氏距离值即为某一像素与不同地物类型的分类相似度，并将此距离作为模糊分类隶属度的参考值得到最终决策融合所需的参数 M。欧氏距离的计算方法见式(6-1)：

$$\text{ED} = \sum_{l=1}^{M} \text{abs}\left(\text{VI}_1^l - \text{VI}_2^l \right) \tag{6-1}$$

式中，ED 是曲线 VI_1^l 与曲线 VI_2^l 之间的欧氏距离；M 是曲线上所包含的 NDVI

数，研究使用的是 8 天合成的 MOD09Q1 影像数据，因此 *M* 等于 46。

使用欧氏距离计算曲线相似度的方法与上文介绍的基于 DTW 距离方法以及基于改进的 DTW 距离方法 OLWDTW 相似，都是通过计算两条曲线间的距离得到两条曲线的相似度。本章采用欧氏距离计算曲线相似度的原因是利用 DTW 距离计算的曲线相似度无法很好地表达混合像元情况。例如，一个 MODIS 像元内包含两种地物，两种地物所占面积相同，根据线性光谱混合模型，理想情况下 MODIS 光谱时序曲线表现为这两种地物"端元"平均值。假设某混合像元由单季稻和常绿林地两种地类构成，图 6-4 为利用单季稻与常绿林地 NDVI 平均值计算出的该混合像元时序曲线。该曲线与单季稻 NDVI 时序曲线以及常绿林地 NDVI 时序曲线的欧氏距离均为 7.47，而该曲线与单季稻 NDVI 时序曲线和常绿林地 NDVI 时序曲线的 DTW 距离分别为 6.97 和 7.33。本章利用 MODIS 数据模糊分类结果与 Landsat 数据模糊分类结果融合，希望 MODIS 数据模糊分类结果在一定程度上反映混合像元内部地物占比情况，因此利用欧氏距离作为模糊分类隶属度较为合适。

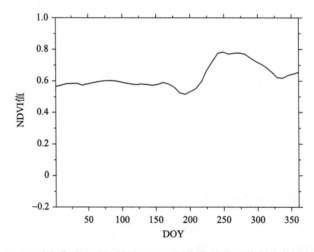

图 6-4　单季稻 NDVI 时序曲线与常绿林地 NDVI 时序曲线值平均得出的理想条件下的混合像元时序曲线

2. Landsat OLI 数据模糊分类

对 Landsat OLI 影像的模糊分类采用最邻近分类方法。最近邻分类器(nearest neighborhood classifier)是最小距离分类器的一种极端情况，以全部训练样本作为代表点，计算测试样本与所有样本的距离，并以最近邻者的类别作为决策，将与测试样本最近邻样本的类别作为决策结果。

其具体过程是首先创建类别，其次测试样本，接着对每个类别依据测试样本点构造特征空间，特征选取可根据影像对象的光谱、纹理或几何特征。将此值作为最终融合参数 T。

3. 决策融合权重的计算方法

为了提高决策融合总精度，对融合过程的中间结果进行优化。对于两种影像生成的类别结果，可以根据采样验证点数据生成混淆矩阵得到每个分类器对每种类别的估计精度。

依据混淆矩阵得到每一类的分类结果精度，可以得到融合参数中的 M_c 与 L_c。通过混淆矩阵得到的 MODIS 与 Landsat 数据对地类的分类精度记为 CE_M 和 CE_L，最终的融合结果取决于类别隶属度和分类精度。由于隶属度最终范围为 0~1，因此融合时需要将分类精度也调至 0~1，以避免某类高分类精度值影响融合结果。因此对两种数据的分类精度进行归一化得到最终的权重因子，见式(6-2)和式(6-3)：

$$L_c = \frac{CE_L}{(CE_L + CE_M)} \tag{6-2}$$

$$M_c = \frac{CE_M}{(CE_L + CE_M)} \tag{6-3}$$

式中，L_c 和 M_c 为归一化的 MODIS 与 Landsat 数据的分类精度；CE_L 为 Landsat 数据的实际分类精度；CE_M 为 MODIS 数据的实际分类精度。

L_c 可直接作为 Landsat 数据的权重，要获得 MODIS 数据的权重，还需要得到 MODIS 数据在不同影像对象占比下的分类精度。假设 MODIS 数据对不同地类在不同占比下的分类精度用 M_{cq} 表示，$M_{cq} = \{ M_{cq1,1}, M_{cq1,2}, \cdots, M_{cq1,j}, M_{cq2,1}, M_{cq2,2}, \cdots, M_{cqi,j} \}$，其中，$i=1, 2, \cdots, n$，表示分类类型个数。对影像进行分割，得到影像对象，假设影像对象在 MODIS 像元内的占比为 0~100%，即 M_{cq} 为影像对象在 MODIS 像元内不同占比下的每一类的分类精度。由于采样点数量限制，不足以通过采样点得到各类在各级占比的精度。因此本节将对象占 MODIS 像元面积比进行分级，影像对象占比 0~10%为第 1 级，以此类推共 10 级，则 j=1, 2, $\cdots$, 10。

求 M_{cq} 的方法：统计采样点处 MODIS 像元内 Landsat 对象占比级别及对应的分类精度，以 M_p 表示，则 $M_p = \{ M_{p1}, M_{p2}, \cdots, M_{p10} \}$。已知 M_c 为通过混淆矩阵计算出的 MODIS 对不同地类的分类精度，则 M_{cq} 的计算方法见式(6-4)：

$$M_{cq} = \frac{M_p \times M_c \times 10}{\sum\limits_{j=1}^{10} M_p}, \qquad i=1, \cdots, n \qquad (6-4)$$

即地类分类精度 M_c 乘以不同占比下对象的分类精度 M_p 再乘以 M_p 的倒数平均数。倒数平均数也称调和平均数，是在无法掌握总体单位数(频数)，只有每组的变量值和相应的标志总量，而需要求得平均数的情况下使用的一种数据方法。

在融合规则上，本章采用经典的融合方法，即加权相加方法。图 6-5 为融合过程中的一个实例，以此说明在 MODIS 影像分类结果与 Landsat 影像分类结果发生冲突时，使用加权融合法如何进行类别决策。假设一个对象包含 4 个可能所属的类。Landsat 数据和 MODIS 数据分别产生 4 个隶属度值，隶属度值即根据两种数据分别判断此对象归属某种土地覆盖类别的概率。如图 6-5 所示，Landsat 数据

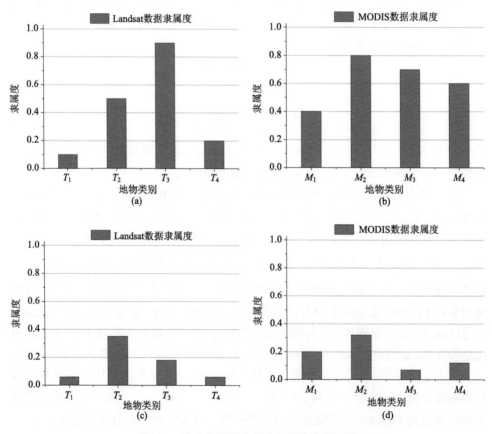

图 6-5　冲突分类下的线性加权法决策过程

对 4 类的模糊分类隶属度为 0.1、0.5、0.9 及 0.2，MODIS NDVI 时序数据对 4 类的模糊分类隶属度分别为 0.4、0.8、0.7 和 0.6，如图 6-5(a) 和图 6-5(b) 所示。假设 MODIS 影像对每个类的分类精度分别为 0.5、0.4、0.1 和 0.2，Landsat 影像对每个类的分类精度分别为 0.6、0.7、0.2 和 0.3。加权使用分类精度作为权重参考，将隶属度与分类精度相乘得到图 6-5(c) 和图 6-5(d)。在这种情况下，最终类别被分为第二类。通过这个示例可以看到，Landsat 对第三类的分类精度低，导致其权重降低。MODIS 影像的分类结果为第二类，而 MODIS 对第二类的分类精度较高，最终使得原本应该被分为第三类的像元经过融合后被分类为第二类。

6.3　结果与分析

6.3.1　MODIS 与 Landsat 数据的模糊分类隶属度

1. MODIS 时间序列数据模糊分类隶属度

对 MODIS 数据的模糊分类使用基于欧氏距离的时序相似度，其过程与第 4 章所介绍的基于 DTW 距离的时序相似度进行模糊分类相似，只是采用欧氏距离作为时序相似性度量。根据参考时序曲线，逐像元计算每个像元时间序列对每个参考时序曲线的欧氏距离。距离越小，两条曲线越相似，像元隶属于参考曲线所属类的程度越大。将欧氏距离转换成隶属度，首先需要将其归一化，归一化公式见式(6-5)。最终，隶属度 M 为 $1-NED$。

$$NED = (ED - min_{ED}) / (max_{ED} - min_{ED}) \tag{6-5}$$

式中，ED 为两条曲线间的欧氏距离；min_{ED} 为所有像元对所有 NDVI 参考曲线中的最小距离；max_{ED} 为所有像元对所有 NDVI 参考曲线中的最大距离。最终，MODIS 数据隶属度 M 如图 6-6 所示。

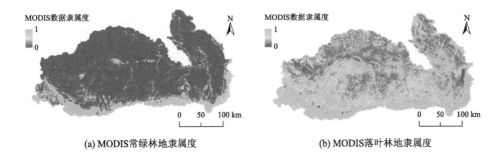

(a) MODIS常绿林地隶属度　　　　　　　　　　(b) MODIS落叶林地隶属度

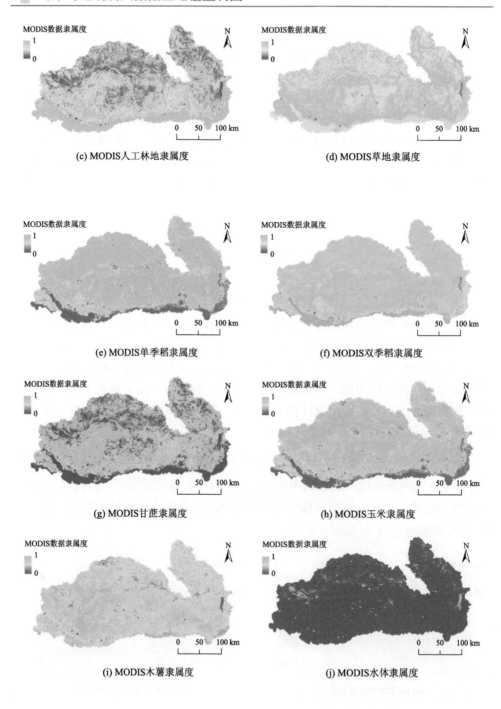

(c) MODIS人工林地隶属度

(d) MODIS草地隶属度

(e) MODIS单季稻隶属度

(f) MODIS双季稻隶属度

(g) MODIS甘蔗隶属度

(h) MODIS玉米隶属度

(i) MODIS木薯隶属度

(j) MODIS水体隶属度

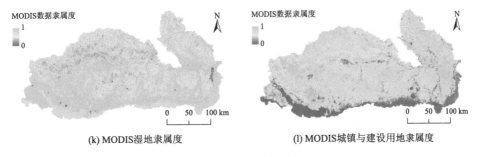

(k) MODIS湿地隶属度　　　　　　(l) MODIS城镇与建设用地隶属度

图 6-6　MODIS 数据分类隶属度

2. Landsat 影像模糊分类隶属度

对 Landsat 影像做面向对象的模糊分类，分割方法使用多尺度分割，分割参数分别设置为，分割尺度 50，光谱标准差 0.3，紧凑度 0.9。分割效果如图 6-7 所示，图 6-7(a) 是在较大尺度查看 Landsat 数据在 MODIS 像元限制下的分割效果，图 6-7(b) 是单个 MODIS 像元内的 Landsat 数据分割效果。

通过易康软件中的最近邻分类器对 Landsat 影像进行分类，最近邻分类器为监督分类方法，因此需要提供采样点数据，本章对 Landsat 影像面向对象的分类中采用野外调查获取的 719 个样本点，最近邻分类器选取 Landsat-8 OLI 数据的前 7 个波段、NDVI 和形状特征作为最近邻分类器的特征空间构建。最终得到

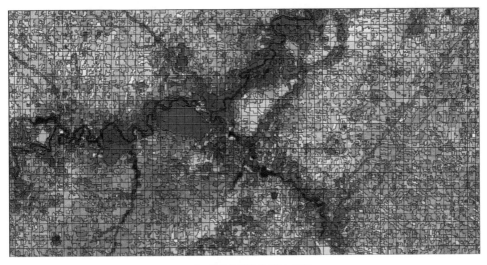

(a) Landsat数据分割效果(较大尺度)

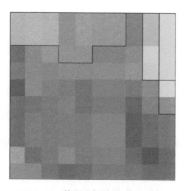

(b) Landsat数据分割效果(像元尺度)

图 6-7　基于面向对象方法的 Landsat 影像模糊分类隶属度

Landsat-8 OLI 影像基于最近邻分类器的分类隶属度和分类结果。其中，Landsat 数据分类得到的耕地隶属度与 MODIS 数据分类得到的耕地隶属度不同，由于 Landsat 数据是单幅影像，且最近邻分类参考图点没有对耕地细分。因此 Landsat 数据对耕地未细分，仅将水田类与旱地类分出。Landsat 分类隶属度如图 6-8 所示。

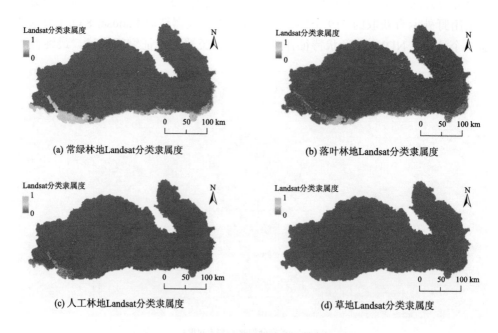

(a) 常绿林地Landsat分类隶属度

(b) 落叶林地Landsat分类隶属度

(c) 人工林地Landsat分类隶属度

(d) 草地Landsat分类隶属度

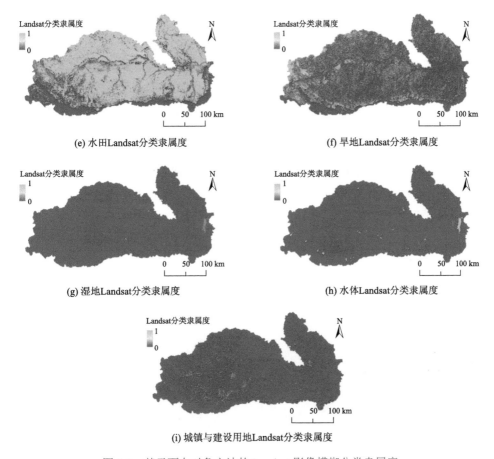

(e) 水田Landsat分类隶属度　　　　　　(f) 旱地Landsat分类隶属度

(g) 湿地Landsat分类隶属度　　　　　　(h) 水体Landsat分类隶属度

(i) 城镇与建设用地Landsat分类隶属度

图 6-8　基于面向对象方法的 Landsat 影像模糊分类隶属度

　　由于基于 ED 方法求得的 MODIS 分类隶属度中，每个像元对所有地类的隶属度在[0，1]的范围内，因此为了统一 Landsat 数据与 MODIS 数据的分类隶属度区间，对基于最近邻分类器得到的 Landsat 数据分类隶属度也根据公式进行归一化，归一化公式如式(6-6)所示。最终，隶属度 L 为 NNL：

$$NNL = (NL - min_{NL}) / (max_{NL} - min_{NL}) \tag{6-6}$$

式中，NL 为最近邻分类器计算得到的地类隶属度；min_{NL} 为所有像元对所有地类的分类隶属度最小值；max_{NL} 为所有像元对所有地类的分类隶属度最大值。

6.3.2　MODIS 与 Landsat 数据的融合权重获取

　　分别对 MODIS 时序相似性分类结果与 Landsat 影像模糊分类结果进行精度评价，确定数据融合权重。

1. Landsat 数据的融合权重

通过最近邻分类器对 Landsat 数据分类得到穆河流域土地覆盖分类结果，如图 6-9 所示。利用 2015 年的 2987 个采样验证点得到 Landsat 影像模糊分类结果混淆矩阵，如表 6-2 所示。通过混淆矩阵可获得每一类的分类精度。利用生产者精度表示每一类的分类精度，则 Landsat 模糊分类精度 CE_L 中草地、常绿林地、城镇与建设用地、旱地、落叶林地、其他、人工林地、湿地、水体、水田的值分别为 CE_L ={ 0.042, 0.476, 0.208, 0.402, 0.253, 0.143, 0.118, 0.088, 0.284, 0.708}。由表 6-2 的混淆矩阵可知，基于最近邻分类器的 Landsat 数据的穆河流域土地覆盖模糊分类总体精度为 0.526。

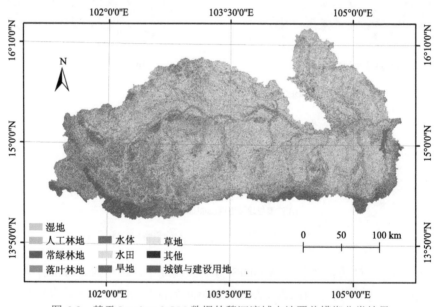

图 6-9　基于 Landsat-8 OLI 数据的穆河流域土地覆盖模糊分类结果

表 6-2　Landsat-8 OLI 影像模糊分类结果混淆矩阵

真实类别	分类类别										
	草地	常绿林地	城镇与建设用地	旱地	落叶林地	其他	人工林地	湿地	水体	水田	总计
草地	4	1	8	15	9	9	4	2	3	40	95
常绿林地	5	90	12	18	17	5	6	9	1	26	189
城镇与建设用地	22	5	42	39	15	4	7	9	4	55	202

续表

真实类别	分类类别										
	草地	常绿林地	城镇与建设用地	旱地	落叶林地	其他	人工林地	湿地	水体	水田	总计
旱地	37	9	40	219	38	1	23	8	9	161	545
落叶林地	16	21	11	23	41	3	12	6	1	28	162
其他			1		3	2		1		7	14
人工林地	1	1	5	20	6		6	1		11	51
湿地	2	2	5	2	2	3		3	1	14	34
水体	5	1	9	7	5	4	2	8	25	22	88
水田	59	3	70	175	64	19	14	43	22	1138	1607
总计	151	133	203	518	200	50	74	90	66	1502	2987

2. MODIS 数据的融合权重

基于 MODIS NDVI 时序数据的穆河流域土地覆盖分类结果如图 6-10 所示。为了与 Landsat 模糊分类数据统一，将 MODIS 数据提取出的单季稻和双季稻统一为水田类，将木薯、甘蔗和玉米统一为旱地类，统一的方法是对单季稻和双季稻

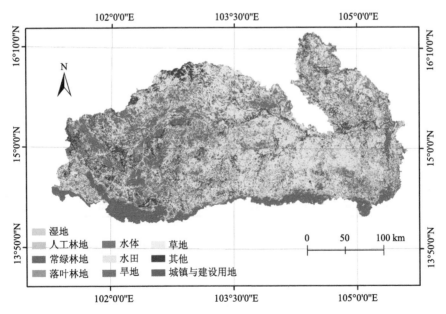

图 6-10　基于 MODIS NDVI 时序数据的穆河流域土地覆盖模糊分类结果

的欧氏距离取最小值,将其作为水田类的距离,对木薯、甘蔗和玉米的欧氏距离取最小值,将其作为旱地类的欧氏距离。欧氏距离越小,则说明像元 NDVI 时序曲线与参考 NDVI 时序曲线越相似,最终统计像元 NDVI 时序曲线对所有地类参考 NDVI 时序曲线的欧氏距离,取最小值的一类作为像元模糊分类结果。

利用采样点对 MODIS 时序数据模糊分类结果进行混淆矩阵精度评价。通过混淆矩阵可获得每一类的分类精度,如表 6-3 所示。对于 MODIS 模糊分类精度 CE_M,草地、常绿林地、城镇与建设用地、旱地、落叶林地、其他、人工林地、湿地、水体、水田的值分别为 CE_M ={0.189, 0.857, 0.064, 0.305, 0.204, 0.071, 0.118, 0.147, 0.136, 0.635}。由表 6-2 的混淆矩阵可知,基于欧氏距离的 MODIS 时序穆河流域土地覆盖模糊分类总体精度为 0.481。对 CE_M 和 CE_L 进行归一化,根据式(6-5)和式(6-6)可得 L_c ={0.182, 0.357, 0.764, 0.569, 0.554, 0.667, 0.500, 0.375, 0.676, 0.527};M_c ={ 0.510, 0.706, 0.078, 0.349, 0.269, 0.097, 0.190, 0.282, 0.168, 0.547}。

表 6-3　MODIS 时序影像模糊分类结果混淆矩阵

真实类别	分类类别										
	草地	常绿林地	城镇与建设用地	旱地	落叶林地	其他	人工林地	湿地	水体	水田	总计
草地	18	1	8	13	2	21	5	5		22	95
常绿林地	3	162			6		17	1			189
城镇与建设用地	50		13	13	2	61	8	5		50	202
旱地	113	20	14	166	24	103	43	19		43	545
落叶林地	30	35		15	33	13	14	11		11	162
其他	3			2	6	1	1	1			14
人工林地	15	1		6	14	7	6	1		1	51
湿地	1		6	4		11		5		7	34
水体	12		14	2		17	2	2	12	27	88
水田	93		41	312	3	127	3	6	1	1021	1607
总计	338	219	96	533	90	361	99	56	13	1182	2987

为了得到 MODIS 在影像不同占比下的分类精度,将影像对象占比分为 10 级,即 0~10%、10%~20%、20%~30%、30%~40%、40%~50%、50%~60%、60%~70%、70%~80%、80%~90%、90%~100%。将 2015 年的 2987 个采样点叠加像元对象,并统计 MODIS 分类的正误,则得到影像对象在 MODIS 像元中的占比精度,见表 6-4。通过表 6-4 可知,随着对象占比的增大,MODIS 数据的分类精度

呈现上升趋势。

表 6-4　影像对象在 MODIS 像元不同占比下的分类精度（M_p）

MODIS 像元内影像对象面积占比范围/%	采样点数量/个	正确分类采样点数量/个	正确分类采样点比例/ M_p
0～10	346	146	0.422
10～20	612	257	0.420
20～30	551	245	0.445
30～40	478	227	0.475
40～50	357	169	0.473
50～60	251	152	0.606
60～70	162	95	0.586
70～80	88	46	0.523
80～90	49	34	0.694
90～100	93	66	0.710

通过以上得到 M_p 与 M_c 后，按式(6-5)计算得到不同占比下 MODIS 影像对影像对象的分类精度 M_{cq}，其中 M_p={0.422, 0.420, 0.445, 0.475, 0.473, 0.606, 0.586, 0.523, 0.694, 0.710}；M_c={0.510, 0.706, 0.078, 0.349, 0.269, 0.097, 0.190, 0.282, 0.168, 0.547}；通过相乘即可得到地物类型在对象不同占比下的分类精度，见表 6-5。

表 6-5　各地类在不同占比下 MODIS 时序影像的分类精度（M_{cq}）

对象占比/%	草地	常绿林地	城镇与建设用地	旱地	落叶林地	其他	人工林地	湿地	水体	水田
0～10	0.40	0.56	0.06	0.27	0.21	0.08	0.15	0.22	0.13	0.43
10～20	0.40	0.55	0.06	0.27	0.21	0.08	0.15	0.22	0.13	0.43
20～30	0.42	0.59	0.06	0.29	0.22	0.08	0.16	0.23	0.14	0.45
30～40	0.45	0.63	0.07	0.31	0.24	0.09	0.17	0.25	0.15	0.48
40～50	0.45	0.62	0.07	0.31	0.24	0.09	0.17	0.25	0.15	0.48
50～60	0.58	0.80	0.09	0.39	0.30	0.11	0.22	0.32	0.19	0.62
60～70	0.56	0.77	0.09	0.38	0.29	0.11	0.21	0.31	0.18	0.60
70～80	0.50	0.69	0.08	0.34	0.26	0.09	0.19	0.28	0.16	0.53
80～90	0.66	0.91	0.10	0.45	0.35	0.13	0.25	0.37	0.22	0.71
90～100	0.68	0.94	0.10	0.46	0.36	0.13	0.25	0.37	0.22	0.72

得到了融合框架中的四个参数，即 MODIS 数据隶属度 M、Landsat 数据隶属度 L，MODIS 数据的权重 M_{cq} 以及 Landsat 数据的权重 L_c。最后，通过式 Membership= $M \times M_{cq} + L \times L_c$，得到最终像元隶属度，并根据像元隶属度最大的类别赋予其类型。

6.3.3 融合分类结果及精度验证

1. 土地覆盖分类制图

经过以上步骤得到的融合后分类最终结果如图 6-11 所示。可以看出，融合后的分类结果中的"椒盐"现象少于 Landsat 数据分类结果，其总体分布更接近 2015 年参考土地覆盖分类图。

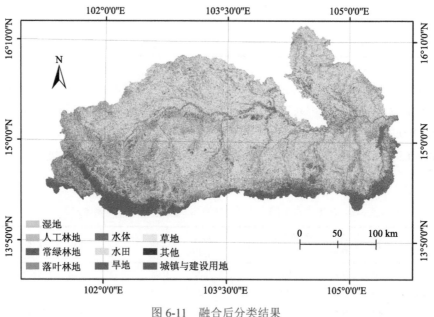

图 6-11　融合后分类结果

2. 分类精度评价

为了避免由采样点重复引起的精度估计偏差，本章另外随机选取了 1000 个验证点对融合后的穆河流域土地覆盖分类精度进行验证，混淆矩阵见表 6-6，各类别生产者精度和用户精度见表 6-7。可知，融合后土地覆盖总体精度为 62.6%，常绿林地、水田的分类精度较高，旱地类生产者精度以及用户精度约 47%，城镇与建设用地分类精度提升较高。草地、人工林地、落叶林地以及其他地类的分类精度仍然不甚理想，但是相对 Landsat 和 MODIS 单独分类精度有所提升。

表 6-6　融合后结果土地覆盖精度验证混淆矩阵

真实类别	分类类别										总计
	常绿林地	落叶林地	人工林地	草地	水田	旱地	湿地	水体	城建用地	其他	
常绿林地	50	4	2								56
落叶林地	10	16		1	15	3	1	2	3		51
人工林地	1	2	2		1	6			2		14
草地		2		2	12	5			1	2	24
水田	7	11		15	441	57	1	5	14	10	561
旱地	1	6	4		67	82			10	3	174
湿地				1	4		3	1	2		11
水体	1	1	2		8	5		5	3	1	26
城镇与建设用地	1	2	1		38	13		1	24		80
其他		1							1	1	3
总计	71	45	11	19	586	171	5	15	60	17	1000

表 6-7　土地覆盖分类结果各类生产者精度与用户精度

类别	生产者精度/%	用户精度/%
常绿林地	89.29	70.42
落叶林地	31.37	35.56
人工林地	14.29	18.18
草地	8.33	10.53
水田	78.61	75.26
旱地	47.13	47.95
湿地	27.27	60.00
水体	19.23	33.33
城镇与建设用地	30.00	40.00
其他	33.33	5.88

用基于欧氏距离的模糊分类方法对 MODIS 数据进行模糊分类的结果总体精度为48.11%。基于面向对象的方法，采用最近邻分类器对 Landsat 数据进行模糊分类的土地覆盖总体精度为52.56%。融合后的总体精度高于 Landsat 数据提取精度10.04 个百分点，高于 MODIS 数据提取精度14.49 个百分点。表 6-8 为 Landsat

数据、MODIS 数据以及融合后土地覆盖分类数据对各个类别的生产者精度比较。

表6-8 Landsat、MODIS 以及融合后提取的土地覆盖分类精度比较

类别	Landsat 提取精度/%	MODIS 提取精度/%	融合后提取精度/%
常绿林地	47.62	85.71	89.29
落叶林地	25.31	20.37	31.37
人工林地	11.76	11.76	14.29
草地	4.21	18.95	8.33
水田	70.82	63.53	78.61
旱地	40.18	30.46	47.13
湿地	8.82	14.71	27.27
水体	28.41	13.64	19.23
城镇与建设用地	20.79	6.44	30.00
其他	14.29	7.14	33.33
总体精度	52.56	48.11	62.6

从表6-8 中可以看出，融合后分类总体精度高于 MODIS、Landsat 数据单独分类精度。对于各个类别，融合后的提取精度并非均大于 Landsat 和 MODIS 数据的提取精度，草地、水体融合后提取精度介于 Landsat 和 MODIS 数据提取精度之间。常绿林地、落叶林地、人工林地、水田、旱地和湿地以及城镇与建设用地和其他用地融合后提取精度较 Landsat 和 MODIS 数据的单独提取精度都有所提高。尽管对于少数类别，融合后精度低于 Landsat 或 MODIS 数据的单独提取精度，而融合后对水田提取精度的提高对总体精度的提高起到关键作用。以上实验说明，利用线性权重赋值法对 MODIS 和 Landsat 各自分类结果进行决策级融合后，能提高土地覆盖分类总体精度。

6.4 本 章 小 结

在第4、5章中，充分利用 MODIS 时序数据的时态维信息来提高土地覆盖整体分类精度。然而，对于一些景观破碎的异质性区域，MODIS 数据空间分辨率较低，混合像元严重，导致分类精度较低。与以往基于像素级的时空融合方法不同，本章提出了一种基于线性权重赋值法的时空融合模型，将 MODIS 和 Landsat 分类结果中的有用信息在决策级对象层次上进行融合。权重因子是由 MODIS 和 Landsat 数据的总体分类精度所决定的，而在一些情况下，总体精度不能代表某个

点上的精度(Fauvel et al., 2006)，点上的精度也可称为局部精度，在这种情况下，这种组合规则会导致一些不合理的结果。例如，将两个 MODIS 和 Landsat 数据均正确分类的结果错分。然而，实验表明，尽管加权相加法并不完美，但是这种组合规则能够提高总体精度，原因是在已知两个数据总体分类精度的情况下，将总体精度作为权重因子对两种分类结果进行加权，必然会弱化精度较低分类结果。而引入的对象权重因子本质上是对土地异质性的判断。已有研究表明，MODIS 数据的土地覆盖分类精度对土地异质性较为敏感，即在土地异质性较低的区域，土地覆盖类别较为均匀，地块斑块较大，MODIS 数据分类精度较高，而在土地覆盖较为破碎的区域，斑块较小且较为琐碎，MODIS 分类精度较低。本章将土地异质性与 MODIS 的分类精度结合，通过提取 MODIS 数据中信息的可靠部分，与 Landsat 卫星提取的分类信息进行互补的融合来共同提高分类精度。

第 7 章

基于时序统计特征的土地覆盖分类

时间序列形态相似性度量可以较好地提取具有相似演化行为的对象，从而提高土地覆盖分类精度。然而，形态相似性度量需要时间密集的高质量卫星图像来构建可靠的时间序列曲线。在易云和多雨的热带地区，光学影像受云覆盖影响严重，漫长的雨季更是容易造成长时间的影像缺失。因此，构建完整可信的时间序列曲线存在很大的困难。在这种情况下，挖掘时间序列遥感数据中蕴含的特定时序特征信息对于提高土地覆盖分类精度极具潜力。

对于一个 NDVI 时间序列数据来说，季节性周期可反映植被的生长状态变化 (Lhermitte et al., 2011)，例如，时序的峰值为季节性周期上的最大值，表明植被生长已达到成熟期；NDVI 在时间轴上的变化反映了植被从抽芽到成熟、衰败的过程；振幅为峰值与基线的差值，其缩放反映了植被生长强度的变化，可能与植被覆盖度或生长活力有关。因此，季节性周期的峰值、振幅等时序统计特征能反映地物生长过程的变化情况，而不同的地物随时间具有不同的变化特征。因此，时间序列 NDVI 统计参数具有反映一定时段内参量变化的幅度、变程、模式等时间波动规律的能力，可针对特定的植被或作物提取其具有时间特征的物候属性，根据其生长周期的动态变化或物候特征区分不同的地物类型。

本章利用时间序列 Sentinel-2 数据，从 NDVI 时序中提取统计参数来反映地物周期性的时序特征，结合单景 Sentinel-2 影像光谱特征，利用随机森林模型进行土地覆盖分类，评估不同时序统计特征在土地覆盖分类中的重要性和适用性。

7.1 数据收集与处理

选取泰国穆河流域中南部的一块区域来开展案例研究(图 7-1)，该区域土地异质性高，涵盖了穆河流域基本的土地覆盖类型。根据研究区土地覆盖情况，同时考虑到 Sentinel-2 影像的分辨率，将研究区的土地覆盖类型在一级类上分为林地、耕地、水域、城镇与建设用地，进一步对该区域的主要土地覆盖类型林地细分为天然林和人工林，耕地细分为水田和旱地，水域细分为水体和湿地。

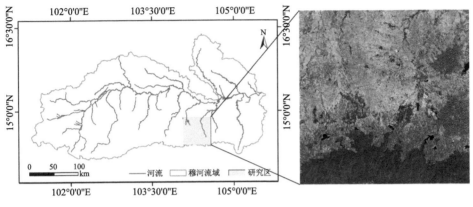

图 7-1　试验区位置

7.1.1　Sentinel-2 数据及预处理

试验所用的影像是从 USGS 网站(https://glovis.usgs.gov/)下载的。2017 年研究区全年共 40 期影像，其中包括 36 幅 Sentinel-2A 影像，4 幅 Sentinel-2B 影像。影像日期和云覆盖情况如图 7-2 所示。从图 7-2 中可以看出，云量在 60%以上的影像共有 12 景，在 20%~60%的影像共有 19 景，在 20%以下的影像共有 9 景，无云且质量良好的影像共有 4 景，分别为 1 月、2 月、10 月和 12 月的影像，均为旱季影像。5~9 月(第 124~264 天)生长季共 15 景影像，其中，云量在 60%以上的影像共有 7 景，云量在 20%~60%的影像共有 7 景，云量在 20%以下的仅一景，可以看出，研究区生长季影像云污染严重。

下载的 Sentinel-2 数据为经过正射校正和亚像元级几何精校正后的 L1C 大气表观反射率产品，因此只需进行大气校正。本节使用 ESA 提供的 Sen2cor 插件对 Sentinel-2A 和 Sentinel-2B 影像进行大气校正，使用 SNAP 软件将 20 m 分辨率处的 6 个波段使用最近邻法重采样到 10 m 分辨率，结合 4 个原始 10 m 分辨率的波段，共得到 10 个 10 m 分辨率的波段。

为获取单景 Sentinel-2 影像的光谱特征，选择研究区无云且质量良好(2017 年 2 月 13 日)的一幅 Sentinel-2A 影像作为单期数据源。

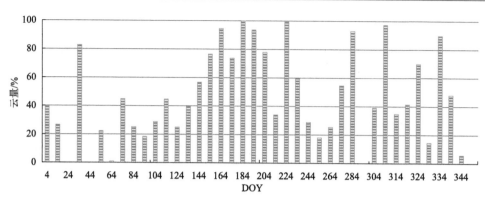

图 7-2　2017 年研究区影像云量情况

7.1.2　Sentinel-2 时序数据堆栈

从 USGS 网站下载的 Sentinel-2 数据包含云质量控制波段。将 Sentinel-2 数据进行大气校正、重采样、裁剪后，可提取 Sentinel-2 影像的云质量控制波段，该波段存储了 Sentinel-2 影像对应像素点被云覆盖的概率，波段值在 0～100，若像素点被云覆盖的概率为 0%，那么云质量控制波段对应的像素值为 0，若像素点被云遮盖的概率为 100%，那么云质量控制波段对应的像素值为 100。

研究区 2017 年 40 景 Sentinel-2 影像构成的时序数据堆栈含云量空间分布情况如图 7-3 所示。从图 7-3 中可以看出，研究区大部分区域含云期数在 30 以下，即大部分区域有 10 个以上时序像素点可用,含云期数较多的区域多分布于南部山区林地以及部分沿河区域。通过统计，研究区共有 30151081 个像素点，其中含云期数在 0～10 的像元有 16070 个，约占 0.05%；含云期数在 11～20 的像元有 20725063 个，约占 68.74%；含云期数在 21～30 的像元有 9256760 个，占 30.70%；含云期数在 31～40 的像元有 153188 个，约占 0.51%(含云期数在 31～35 的像元占 0.43%)。可以看出，2017 年研究区约 99.5%的区域具有 10 个以上无云覆盖时序像素点，约 0.08%的区域无云时序像素点个数少于 6 个。

研究区 2017 年 5～9 月共 15 景 Sentinel-2 影像构成的时序数据堆栈含云量空间分布如图 7-4 所示。从图 7-4 中可以看出，研究区生长季云污染严重，小部分区域含云期数在 2～5,大部分区域含云期数在 6～11,部分区域含云期数在 12～15,含云期数较多的区域主要分布于南部山区。经过统计，含云期数在 2～5 的像元有 484275 个，占 1.61%；含云期数在 6～11 的像元有 24902892 个，占 82.59%；含云期数在 12～15 的像元有 4763914 个，占 15.80%(含云期数在 12～13 的像元占 13.87%)。可以看出，2017 年 5～9 月研究区约 1.6%的区域具有 10 期及以上无云

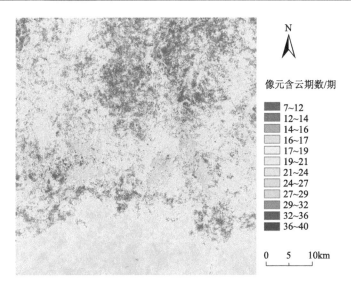

图 7-3　2017 年全年 Sentinel-2 时序堆栈含云量空间分布

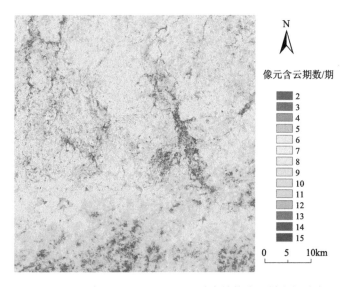

图 7-4　2017 年 5～9 月 Sentinel-2 时序堆栈含云量空间分布

覆盖时序期数，约 84.19%的区域具有 4 期及以上无云覆盖时序期数，约 98.06%
的区域具有 2 期及以上无云覆盖时序期数，仅 1.93%的区域无云覆盖时序期数低
于 2。

　　为充分利用 Sentinel-2 时序数据集，基于研究区 2017 年共 40 幅 Sentinel-2A
和 Sentinel-2B 影像，使用 ENVI 软件中的 Band Math 工具计算每幅 Sentinel-2 影

像的 NDVI 值。为保证获得纯净的无云覆盖 NDVI 时序数据集，本节结合 Sentinel-2 影像的云质量控制波段将 NDVI 云覆盖部分进行掩模，即将云质量控制波段值不为 0 的对应像素点 NDVI 值设为无效值（本节设置为–2），以获得 2017 年全年 Sentinel-2 NDVI 无云时序数据堆栈。

7.1.3　采样与验证数据

本节用到的野外采样数据见第 4 章。在 2017 年 2 月和 8 月的地面调查中，共收集了 718 个典型土地利用类型的样本。为弥补实地采样数据的不足，进一步结合 Google Earth 高空间分辨率影像图以及 Cropland 实地照片采集训练和验证点 2598 个。根据样本总数，在 ArcGIS 10.2 中进行了分层随机抽样。此外，2321 个样本被用于模型训练，995 个样本被用于验证。

7.2　研究方法

7.2.1　光谱与纹理特征提取

光谱反射率是土地覆盖分类的基础。针对单日影像，使用 4 个空间分辨率为 10 m 的波段和 6 个空间分辨率为 20 m 的波段（重新取样后）进行土地覆盖分类。

纹理特征能反映丰富的地物信息，在中高分辨率影像分类中已被证实能提高影像分类的精度（胡玉福等，2011；李智峰等，2011），本节使用灰度共生矩阵（GLCM）方法（Haralick et al., 1973）提取影像的纹理特征。首先对原始影像进行主成分分析，以降低不同光谱波段之间的高相关性（Chatziantoniou et al., 2017）。变换之后，第一主成分贡献率达 72.36%，前两个主成分贡献率达 95.58%，因此取第一个、第二个主成分来提取纹理特征。为了更好地反映影像的粗纹理和细纹理，通过多次实验对比分析，设置滑动窗口大小为 5，步长为 1，参照 Haralick 等（1973）的研究，利用灰度共生矩阵提取每个主成分的角二阶矩（ASM）、对比度（CON）、熵（ENT）、平均值（MEAN）和相关性（COR）共 5 个参数，共得到 10 个纹理特征。

7.2.2　时序统计指标选取

本节年 NDVI 统计值从时间序列 Sentinel-2 NDVI 堆栈数据中提取。采用均值和变异系数来反映时序数据的统计特征。

1. NDVI 均值（NDVI_mean）

假设时序数据集 $X = \{x_1, x_2, \cdots, x_N\}$，其中 N 为时序数据 X 的长度，则 X 的平

均值 u_X 可以表示为

$$u_X = \frac{x_1 + x_2 + \cdots x_N}{N} \tag{7-1}$$

均值反映时序数据的集中趋势，均值越小，表明数据的一般水平越低，反之越高。

2. NDVI 变异系数（NDVI_cv）

变异系数反映时序数据的离散程度和集中趋势，不仅受时序数据离散程度的影响，还受时序数据一般水平的影响。

数据集 $X = \{x_1, x_2, \cdots, x_N\}$ 的变异系数 cv_X 可以表示为

$$\mathrm{cv}_X = \frac{\sigma_X}{u_X} \tag{7-2}$$

式中，σ_X 为序列的标准差；u_X 为序列的平均值。

标准差反映时序数据的离散度，标准差越小，表明数据偏离平均值的程度越小，数据的稳定性越好，反之亦然。序列的标准差 σ_X 可以表示为

$$\sigma_X = \sqrt{\frac{1}{N} \sum_{i=1}^{N} (x_i - u_X)^2} \tag{7-3}$$

式中，u_X 表示序列的平均值。

7.2.3 随机森林分类

随机森林由美国科学家 Breiman（2001）提出，结合了 Bagging 集成方法与随机子空间方法，是以决策树为基本分类器的一种集成学习方法。随机森林是一种非参数分类与回归方法，不需要先验知识，易于使用；以决策树为基础分类器，能保证良好的精度；基于 Bagging 集成学习理论，能容忍一定的噪声和异常值，能并行化处理高维海量数据，是一种高效的机器学习算法（杨珺雯等，2015）。

随机森林构建的基本过程为：①首先通过 bootstrap 的方式从原始训练样本中有放回地随机抽取样本，假设原始训练样本集共有 N 个样本，每个样本具有 M 个特征，每次有放回地从中抽取 N 个样本，那么某个样本未被抽中的概率为 $\left(1 - \frac{1}{N}\right)^N$，当 N 很大时，这个值趋向于 $\frac{1}{e} \approx \frac{1}{3}$，即抽取时大概有 $\frac{1}{3}$ 的原始样本未被抽取到，这部分样本称为袋外（out of bag，OOB）数据，可以使用这部分样本来估计误差，称为袋外误差。②对 N 个样本进行训练得到一个决策树模型，在决策树的每个结点处随机选取 $m(m<M)$ 个特征，使用信息熵、信息增益或者基尼指数

来选择特征进行结点分裂；由于随机森林是一种集成学习方法，不容易出现过拟合现象，因此在构建决策树时不需要进行剪枝 (Fan, 2013; Gislason et al., 2006)。③重复①、②，通过 k 次样本抽取和样本训练得到 k 个决策树模型。④最后采用集成学习理论将 k 个决策树进行线性组合，其中每个决策树占相等的权重。当输入一个待分类样本时，分类结果由每个决策树通过多数表决的方式决定。

随机森林中决策树构建的一个关键步骤是结点分裂时的特征选择，理想状态下，由最优的分裂特征得到的每个子节点是纯的，即每个子节点中的样本属于同一类，可以使用基尼指数来度量样本集合的不纯度(不确定性程度)。基尼指数表示在集合中一个随机样本被分错的概率，基尼指数越小表示随机选中的样本被分错的概率越小，集合的纯度越高；反之，集合的纯度越低。集合 D 的基尼指数的定义如式(7-4)所示：

$$\text{Gini} = \sum_{b=1}^{B} p_b(1-p_b) = 1 - \sum_{b=1}^{B} p_b{}^2 \tag{7-4}$$

式中，B 为训练样本中样本种类数；p_b 为集合 D 中随机选中的样本属于类别 b 的概率；$(1-p_b)$ 为样本被分错的概率。如果样本集合 D 根据特征 A 是否取某一可能值 a 被划分为 D_1 和 D_2 两个部分，则在特征 A 的条件下，集合 D 的基尼指数为

$$\text{Gini}(D, A) = \frac{|D_1|}{|D|}\text{Gini}(D_1) + \frac{|D_2|}{|D|}\text{Gini}(D_2) \tag{7-5}$$

式中，$|D|$ 表示集合 D 中的样本数；$|D_1|$ 表示集合 D_1 中的样本数；$|D_2|$ 表示集合 D_2 中的样本数。可以看出，在随机森林中，若通过某特征划分后平均基尼指数减小的程度越大，即通过该特征划分后集合变纯的程度越大，则可以认为该特征的分类能力越强，在模型中的重要性越大，反之越小。这种特征重要性评估方法称为平均不纯度减少，平均不纯度减少的定义为

$$\Delta\text{Gini} = \frac{\sum_{n=1}^{K}\left[\text{Gini}_n(D) - \text{Gini}_n(D, A)\right]}{K} \tag{7-6}$$

式中，K 为随机森林中决策树的个数；$\text{Gini}_n(D)$ 为第 n 棵决策树 $\text{Gini}(D)$ 划分前集合 D 的基尼指数；$\text{Gini}_n(D, A)$ 为第 n 棵决策树 $\text{Gini}(D, A)$ 通过特征 A 划分后集合 D 的基尼指数。

随机森林作为一种集成学习方法，具有高效、准确度高等特点，在中高分辨率影像分类中不仅能保证较高的精度也能保证较快的速度，且具有特征选择的能力。穆河流域南部山区土地异质性高，Sentinel-2 具有较高空间分辨率、多光谱特征，为反映研究区的空间异质性，并充分利用 Sentinel-2 影像丰富的光谱、空间

特征，本节使用随机森林方法进行土地覆盖分类。

　　本节采用 Python 脚本导入 GDAL 库读取训练样本数据，并从 Scikit-learn 库导入随机森林分类器。共纳入 22 个特征(10 个光谱波段、10 个纹理特征和 2 个时间特征)来构建土地覆盖分类的 RF 模型。参数 ntree(从训练样本中随机选取样本创建的树的数量)设置为 1000，参数 mtry(用于树节点分割的变量数)设置为 4 (Belgiu and Drăguţ, 2016; Gislason et al., 2006)。

　　利用混淆矩阵对分类结果进行评价，主要指标包括总体精度(OA)、用户精度(UA)、生产者精度(PA)和 Kappa 系数。

7.3　结果与分析

7.3.1　时序统计指标的可分离性

　　选取 84 个天然林样本，68 个人工林样本，84 个水田样本，84 个旱地样本，60 个水体样本，48 个湿地样本，84 个城镇和建设用地样本，来评估 NDVI 均值、变异系数时序统计特征对不同地物的区分度。

　　各地物采样点的时序平均值如图 7-5 所示。从图 7-5 中可以看出，天然林、人工林 NDVI 时序平均值分别在 0.78、0.76 左右波动，明显高于其他地物，天然林、人工林与其他地物具有较好的区分度；但两者本身差别不大，说明天然林与人工林具有较大的易混性。水田 NDVI 时序平均值在 0.34 左右波动，旱地 NDVI 时序平均值在 0.50 左右波动，两者存在一定程度的锯齿交错，但总体来看，水田 NDVI 时序平均值小于旱地。城镇和建设用地 NDVI 时序平均值在 0.19 左右波动，与天然林、人工林、旱地具有较好的区分度。水体、湿地 NDVI 时序平均值较低，分别在 –0.22、0.11 左右波动，与其他类别有较好的区分。整体上看，水体 NDVI 时序平均值低于湿地，然而，研究区水热条件适宜，水体边缘部分易生长水草等植被，使得年内部分时间 NDVI 值大于 0；而湿地为生长植被的河滩区域，兼具植被和水体的特征，使得年内部分时间 NDVI 值小于 0；由于研究区水体、湿地年内具有多种表现形态，因此，部分水体和湿地像元的 NDVI 时序平均值相近，具有一定的易混性。

　　各地物采样点的 NDVI 时序变异系数如图 7-6 所示。天然林和人工林的 NDVI_cv 值都很低，在 0.25 左右，说明这些地类的年 NDVI 值比较稳定，时空变异较小，这对于与其他类别的区分是有利的。旱地和水田的 NDVI 值具有季节性变化的特点，NDVI_cv 值较大，在 0.5 左右。湿地的 NDVI_cv 受水分和植被的季节变化影响，一年中变化较大，与其他大多数土地覆盖类型相比，湿地的 NDVI_cv

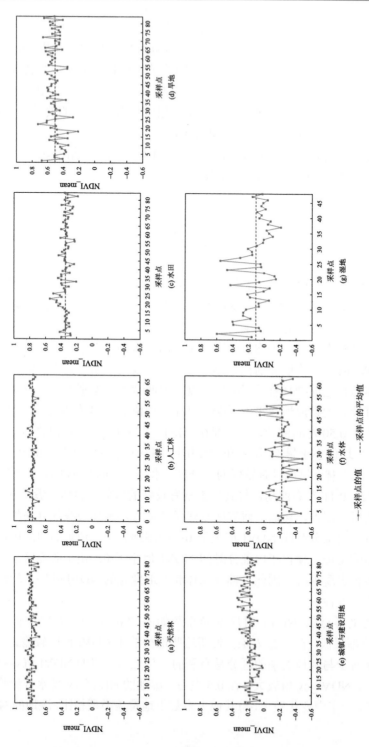

图 7-5　不同地表采样点 NDVI 时序平均值

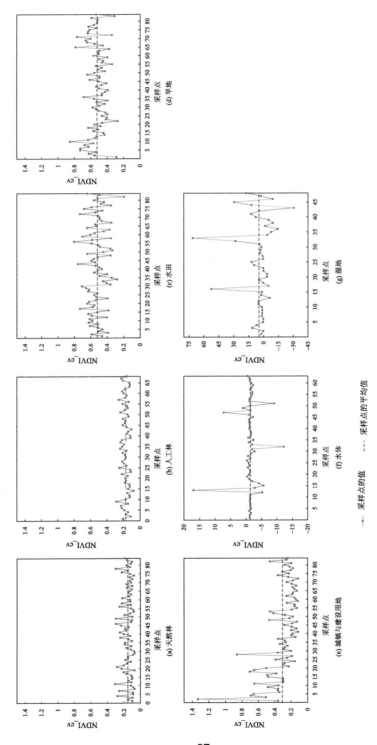

图 7-6　不同地类采样点 NDVI 时序变异系数

值较高。由于变异系数是标准差(σ)与平均值(u)的比值，当存在较小的 u 值时，在湿地和水体中发现了一些 NDVI_cv 高离群值。不透水地表的 NDVI_cv 值一般低于 0.3，与稻田和旱田的分离度较好。

7.3.2 特征重要性评估

为了评估 NDVI 时序统计特征在研究区土地覆盖分类中的重要性，利用随机森林模型中平均不纯度减少的方法评估了 Sentinel-2 影像光谱特征、纹理特征，以及 Sentinel-2 NDVI 时序平均值、变异系数统计特征在土地覆盖分类中的重要性，特征重要性评估结果见表 7-1。

表 7-1　特征重要性评估结果

排名	特征	重要性	OOB 得分	排名	特征	重要性	OOB 得分
1	NIR-2	0.10050	0.72482	12	NIR-1	0.04578	0.99751
2	Red edge-1	0.09822	0.91278	13	NDVI_cv	0.04481	0.99748
3	Red	0.07824	0.94389	14	Red edge-2	0.04001	0.99788
4	NDVI_mean	0.07004	0.98054	15	ENT_2	0.02297	0.99788
5	Green	0.06544	0.98764	16	ASM_1	0.01926	0.99788
6	MEAN_1	0.06429	0.99484	17	ASM_2	0.01536	0.99777
7	SWIR-1	0.06116	0.99580	18	CON_2	0.01193	0.99788
8	Red edge-3	0.06111	0.99696	19	ENT_1	0.01141	0.99799
9	MEAN_2	0.05809	0.99699	20	COR_2	0.01046	0.99803
10	SWIR-2	0.05230	0.99710	21	COR_1	0.01029	0.99807
11	Blue	0.04825	0.99740	22	CON_1	0.01008	0.99803

注：“_”后的 1 和 2 分别表示图片 1 和图片 2 的纹理指数。

最重要的分类特征包括 NIR-2、Red edge-1 和 Red 波段，其值分别为 10.05%、9.82% 和 7.82%。绿色、SWIR-1（B11）和 Red edge-3（B7）的重要性也很高，分别排在第 5、7、8 位。MEAN_1 和 MEAN_2 在所有特征中分别排在第 6 位和第 9 位，表示其重要性相对较高。但其他纹理特征的重要性较低，排在最后。在统计指标方面，NDVI_mean 以 7.004% 的高重要性值排名第 4 位，NDVI_cv 以 4.481% 排名第 13 位。

7.3.3 不同特征组合分类结果对比

选取全部 22 个特征作为构建随机森林模型的输入特征，以确定光谱波段、纹理特征和时序统计指标对土地覆盖分类的贡献。设计了 5 种组合方案进行土地覆盖分类,包括:①仅使用光谱波段特征(spectral bands only, SB);②光谱波段特征、纹理特征(spectral bands and textural features, SBT);③光谱波段特征、纹理特征、NDVI_mean(SBT+NDVI_mean, SBTM);④光谱波段特征、纹理特征、NDVI_cv(SBT+NDVI_cv, SBTC);⑤光谱波段特征、纹理特征、NDVI_mean、NDVI_cv(SBT+NDVI_mean+NDVI_cv, SBTMC)。

不同组合的分类结果如图 7-7 所示。从图 7-7 中可以看出,使用五种特征组合进行分类时,总体土地覆盖类型具有类似的格局。水田占研究区域的大部分,天然林分布在南部,边界分明。人工林分布在天然林的外围,主要分布在山区和平原之间的过渡地带。水体分布较少,主要以池塘和水库形式存在。不透水面包括较大的城镇、分散的村庄和线状的不透水道路。

为比较不同特征组合方法的优劣,计算了每个组合的混淆矩阵(表 7-2～表 7-6),对得到的土地覆盖分类结果进行精度评估。

1. 基于 SB 的分类结果

基于 SB 的分类结果中,OA 和 Kappa 系数分别达到 0.8050 和 0.7546,天然林的 PA 值为 95.21%(表 7-2),UA 值为 79.56%。UA 较低主要是因为其他土地覆盖类型,如人工林、水田、旱田等可能被错划为天然林。与天然林相比,人工林的 PA 值较低(85.71%),而 UA 值较高(95.77%)。水田和旱地的分类准确性相对较低。水田的 PA 和 UA 分别为 78.98%和 77.93%,而旱地分别为 79.31%和 65.71%。水田最容易与不透水地面混淆,而旱地分类中涉及最多的是水田、天然林和不透水面的混淆。水体的 PA 值较高(95.12%),但 UA 值偏低(88.64%),原因在于将部分湿地误分为水体。而湿地容易被误分为水田和其他类型,导致 PA 值较低(45.16%)。不透水面的 PA 和 UA 值都比较低,分别为 54.78%和 66.32%,主要是由不透水面和农田分类混淆造成的。

2. 基于 SBT 的分类结果

加入纹理特征后,大部分类别的精度得到提高,OA 和 Kappa 系数分别为 0.8543 和 0.8162。最明显的改善发生在不透水面,其 PA 由 54.78%提高到 78.26%,UA 由 66.32%提高到 81.08%。根据表 7-3,加入纹理特征大大降低了不透水面和农田(包括水田和旱地)之间的混淆,不透水面被误分为水田和旱地的比例分别下降了 12.2%和 11.3%。同时,水田被划分为不透水面的比例也下降了 4.74%,因此,水田的 PA 和 UA 分别增加了 4.41%和 4.07%。同样,旱地的 UA 也从 65.71%增

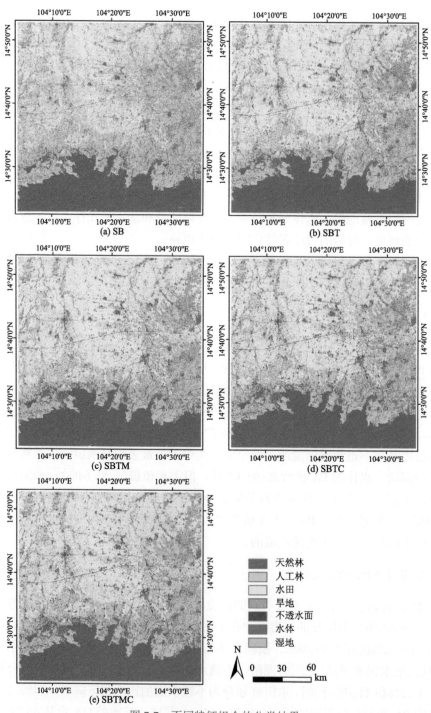

图 7-7　不同特征组合的分类结果

表 7-2　基于 SB 的分类结果的精度验证

土地类型和精度	天然林	人工林	水田	旱地	水体	湿地	不透水面	PA/%
天然林	179	4	5					95.21
人工林	24	204	6	4				85.71
水田	12	4	233	16			30	78.98
旱地	6	1	9	69			2	79.31
水体			2		39			95.12
湿地	1		11		5	14		45.16
不透水面	3		33	16			63	54.78
UA/%	79.56	95.77	77.93	65.71	88.64	100.00	66.32	

注：OA 为 0.8050，Kappa 系数为 0.7546。

表 7-3　基于 SBT 的分类结果的精度验证

土地类型和精度	天然林	人工林	水田	旱地	水体	湿地	不透水面	PA/%
天然林	181	2	5					96.28
人工林	19	213	3	3				89.50
水田	17	1	246	15			16	83.39
旱地	5		7	70			5	80.46
水体					41			100.00
湿地			20		2	9		29.03
不透水面	3		19	3			90	78.26
UA/%	80.44	98.61	82.00	76.92	95.35	100.0	81.08	

注：OA 为 0.8543，Kappa 系数为 0.8162。

加到 76.92%。纹理特征的加入也略微降低了天然林和人工林之间的混淆。此外，人工林和水田之间的错误分类概率也有所下降。需要注意的是，并非所有类别都有改善，增加纹理特征也在某些土地覆盖类别之间造成了一些新的混淆。例如，湿地的 PA 从 45.16%下降到 29.03%，因为湿地越来越多地被误分为水田。此外，被误分为天然林的水田数量也有所增加。

3. 基于 SBTM 和 SBTC 的分类结果

加入时序统计特征（NDVI_mean 或 NDVI_cv）后，OA 和 Kappa 系数得到进一步提高，SBTM 组合的 OA 和 Kappa 值分别为 0.8915 和 0.8629，SBTC 组合的 OA 和 Kappa 系数分别为 0.9035 和 0.8789。根据表 7-4 和表 7-5，每个统计指标对提高分类精度有不同的贡献。天然林和人工林的高 NDVI_mean 值和低 NDVI_cv 值进一步提高了它们与其他类别的区分。NDVI_mean 对提高天然林的 UA 贡献较大，而 NDVI_cv 对提高天然林的 PA 更有效。NDVI_mean 和 NDVI_cv 也降低了水田的分类误差。NDVI_mean 对降低水田与天然林和旱地之间的误分更为有效，从而提高了水田的 PA 值(90.17%)。此外，NDVI_cv 对于改善不透水面错分为水田的情况更有效，从而提高了不透水面的 UA 值(92.55%)。对于旱地识别来说，尽管增加了 NDVI_mean 或 NDVI_cv，但与 PA 值相比，UA 值的改善更大。

在 SB 和 SBT 特征组合模型中，不透水面与水田都有混淆。在增加 NDVI_cv 后，混淆现象减少。因此，不透水面的 PA 和 UA 值分别增加到 92.17% 和 91.38%。与 SB 模型相比，加入 NDVI_mean 或 NDVI_cv 后，湿地的 PA 和 UA 值都有所下降。由于湿地像元被错误地划分为水体，水体的 UA 值也有所下降。

表 7-4 基于 SBTM 的分类结果的精度验证

土地类型和精度	天然林	人工林	水田	旱地	水体	湿地	不透水面	PA/%
天然林	184	1	3					97.87
人工林	14	220	3	1				92.44
水田	5		266	8			16	90.17
旱地	5	1	5	73			3	83.91
水体					41			100.00
湿地			15		5	11		35.48
不透水面	3		17	3			92	80.00
UA/%	87.20	99.10	86.08	85.88	89.13	100.00	82.88	

注：OA 为 0.8915，Kappa 系数为 0.8629。

表 7-5 基于 SBTC 的分类结果的精度验证

土地类型和精度	天然林	人工林	水田	旱地	水体	湿地	不透水面	PA/%
天然林	187	1						99.47
人工林	16	220	1	1				92.44
水田	14		261	13			7	88.47
旱地	3		8	73			3	83.91

续表

土地类型和精度	天然林	人工林	水田	旱地	水体	湿地	不透水面	PA/%
水体					41			100.00
湿地			9		11	11		35.48
不透水面	4		3	2			106	92.17
UA/%	83.48	99.55	92.55	82.02	78.85	100.00	91.38	

注：OA 为 0.9035，Kappa 系数为 0.8789。

4. 基于 SBTMC 的分类结果

在 SBT 组合中同时加入 NDVI_mean 和 NDVI_cv，得到 SBTMC 特征组合，其分类结果的 OA 和 Kappa 系数分别为 0.9357 和 0.9190，是 5 个组合中最高的（表7-6）。

表 7-6 SBTMC 分类混淆矩阵

土地类型和精度	天然林	人工林	水田	旱地	水体	湿地	不透水面	PA/%
天然林	187	1						99.47
人工林	14	223		1				93.70
水田	6		277	5			7	93.90
旱地	2		6	79				90.80
水体					41			100.00
湿地			10		5	16		51.61
不透水面	3		3	1			108	93.91
UA/%	88.21	99.55	93.58	91.86	89.13	100.00	93.91	

注：OA 为 0.9357，Kappa 系数为 0.9190。

在大多数情况下，SBTMC 保留了 SBTM 和 SBTC 两种组合的优点。NDVI_mean 和 NDVI_cv 的作用互为补充，提高了整体分类精度。例如，在 SBTM 中，将水田误分为天然林或旱地的情况有所减少。然而，一些水田被误分为不透水面（表 7-4）。在 SBTC 模型中，一些水田被误分为天然林或旱地，但水田和不透水面之间的误分很少（表 7-5）。当把 NDVI_mean 和 NDVI_cv 两个变量同时加入时，NDVI_mean 和 NDVI_cv 的各自优势得到了保留。结果，水田被误分为其他类别的情况有所减少，PA 增加到 93.90%。同样，在 SBTMC 中，NDVI_mean

减少了将人工林和旱地误分为水田的情况。此外，NDVI_cv 减少了将湿地和不透水面误分为水田的情况。因此，在 SBTMC 模型中，水田的 UA 值达到 93.58%。在不透水地面和其他类别中也有类似的改进。

7.4　讨　论

7.4.1　时序统计指标在多云多雨区土地覆盖分类中的优势

许多研究指出，时间序列遥感数据的加入可以有效地提高土地覆盖分类精度（Brown et al., 2013; Jia et al., 2014; Rodriguez-Galiano et al., 2012）。但是，东南亚地区雨季漫长，云覆盖严重。很多地区，即便是高重访的卫星平台，全年能获得的高质量影像也很少。单期遥感影像的使用可以充分利用影像的光谱信息和纹理信息。在特征重要性排序中，排前几位的都是光谱波段，说明光谱信息是地物遥感分类的基础。但由于单期影像的光谱信息受多种外界因素影响，同物异谱和同谱异物现象严重，需要鲁棒性更高的信息参与分类以降低同物异谱和同谱异物的干扰。本节提出利用单期高质量影像结合年时序 NDVI 统计特征的方法，为多云多雨区土地覆盖分类研究提供新的借鉴。时序 NDVI 统计信息引入使得在光谱信息和纹理信息的基础上集成土地覆盖的年时序变化信息成为可能，进而用于对不同类别做进一步区分。

统计指标特征具有以下几个优势。首先，时间序列遥感统计指标受部分影像云污染的影响较小。在易受云层影响的地区，即使是 Sentinel-2 这样较高重访周期的卫星平台，一年内能获得的高质量影像数量也非常有限（图7-2）。时序统计分析对影像质量要求较低，即便是云覆盖很严重的雨季影像，依然可以利用部分纯净像元进行统计分析，大大提高了像元的利用率。其次，统计指标能够有效地反映 NDVI 的年变化特征，降低单期影像受特定季节、天气条件等偶然因素的影响，更具有鲁棒性。由于水热条件适宜，热带地区的自然植被全年生长旺盛。栽培作物种植时间灵活，作物没有固定的生长季节，这往往导致区域内同一作物生长历的显著差别[图 7-8(a)]，进而导致同一作物在不同生长阶段的光谱特征不同[图 7-8(b)]。此外，不同土地覆盖类型之间的相似光谱特征使得单期遥感影像分类充满挑战。例如，在东南亚热带地区，农田可以在一年中的任何时候种植或休耕。休耕地的光谱特征很容易与城镇不透水面混淆[图 7-8(c)]，造成单景影像分类中，农田与不透水面之间存在很大程度的误分。但不透水面具有相对较低的NDVI_cv 值，这与农田有很大不同，NDVI_cv 的加入有利于减少两者的混淆。总体而言，时序统计分析在参与分类时更为稳健，特别是对于季节变化强烈的土地覆盖类型。最后，与其他时间序列分析方法相比，时序统计计算更简单、效率更高。例如，由于热带地区林地的 NDVI 值较为稳定，在全年时间上，只需应用少量的可用林地像元进行统计，即可表征林地的高 NDVI 均值特征，以用于与其他地类区分。对于季节性变化的农田，休耕时期其 NDVI 值较低，且光谱特征也与建设用地相似。但只要能抓住其生长季的某些时期，即可增大其 NDVI 的统计的均值，进而与建设用地进行区分。

图 7-8　研究区土地覆盖类型的复杂光谱特征

(a) 水稻生长的不同阶段，红、黄、白三种颜色的长方形分别表示水淹、生长、成熟三个阶段；(b) 水稻在不同阶段的不同光谱反射率；(c) 休耕农田(红色矩形)和不透水地面之间的光谱反射率相似(黄色矩形)

7.4.2　热带多云多雨区精细尺度土地覆盖分类的难点

本节对一级类别上的土地覆盖进行了有效的区分和识别，但是在二级类别上的土地覆盖分类仍然存在一定的分类误差。

1. 天然林-人工林

大部分天然林和人工林不只光谱特征相似，生长物候特征也一致，因此，即便本节集成了光谱、纹理与时序信息，精确地区分天然林和人工林仍然是研究的难题。在景观尺度上，天然林和人工林最大的区别在于纹理特征。在热带地区，天然林通常是原生的，物种多样性丰富，具有林冠分层现象；而人工林由于是人工种植的，树种单一，并且通常具有规则的行距和株距，具有明显的纹理特征。因此，结合纹理特征有可能提高天然林和人工林的分类精度。但是根据研究发现，加入纹理特征后，天然林与人工林之间的误分改善有限。即便是进一步集成时序统计特征后，人工林误分为天然林的情况仍很严重。究其原因，一方面，幼年的人工林种植时间较短，冠层覆盖度低，其光谱特征受地表裸土的影响较大，容易与其他地类混淆；另一方面，成年的人工林由于冠层覆盖度高，生长茂盛，纹理特征重要性相对降低，易与天然林混淆。此外，本节只选择了前两个主成分的均值纹理特征进行分析，对其他纹理特征在土地覆盖分类中的重要性仍有待进一步研究。

2. 水田-旱地

由于光谱特征的相似性，生长季农田与林地甚至湿地都容易误分，而休耕农田则容易与建设用地误分。本节时序统计特征的加入，大大降低了农田和其他地类误分的可能。但是，进一步对水田和旱地进行分类仍存在较大困难。该区热量充沛，理论上，水田和旱地作物一年内任何时候都可以种植。而水田作物和旱地作物之间光谱相似性高，只使用 10 个光谱波段的 SB 特征组合分类中，水田和旱地的分类精度都不高。同样，纹理特征也没有表现出很好的区分度。加入时序统计特征后，无论是均值还是变异系数，水田和旱地都存在较大的重叠。因而，本节水田和旱地仍存在一定的误分。Xiao 等（2005）利用移栽期特征影像可以很好地提取水田信息，但如前所述，移栽期影像很难获取，同时，雨季不同的农田都有一定程度的积水，该方法还是存在一定的限制性。由于雷达不受云覆盖影响，而且对水分信息敏感，因此，结合雷达后向散射系数特征，有望进一步提高水田和旱地之间的分类误差（Park et al., 2018）。

3. 湿地-其他

本节湿地定义为生长有植被的浅水沼泽或季节性淹没森林（主要位于河漫滩）。因而，从光谱特征来说，淹没森林容易与林地混淆，而生长植被的浅水沼泽容易与水田混淆。受湿地土壤水分及其上覆植被的季节变化影响，湿地年内的光谱变化和 NDVI 变化都具有高度动态性。湿地的时序统计特征，如均值与农田相似度高，而变异系数与水体的重叠严重。因而，加入时序统计特征后，湿地错分为水田和水体的现象仍很严重。因此，湿地分类的难度不仅在于其生态系统本身的高度动态性，也与对湿地的精确定义有关。

7.4.3 分类特征重要性选择

随着遥感技术的不断进步，遥感数据获取能力越来越强，未来的遥感数据源必将在时间、空间以及光谱分辨率上得到极大提高。土地覆盖遥感分类也将更多地采用多特征方法。过去的研究表明，多个特征的融合有助于提高土地覆盖图的细节和精度（Wang et al., 2018; Zhu et al., 2019）。在利用高时空分辨率遥感数据的多样化特征时，每个输入特征的贡献是不确定的。本节红边和短波红外（SWIR）波段被发现对土地覆盖制图很重要，这与类似的研究一致（Ramoelo et al., 2015;

Schultz et al., 2015; Schuster et al., 2012)。近红外波段(B8a)也被列为一个重要特征。与之相反，Immitzer 等(2016)发现 Sentinel-2 的近红外波段是最不重要的波段之一。然而，他们也指出这个结果只是利用了一个时相的遥感影像分析。如果图像是在不同季节采集的，或者研究区域具有不同的景观特征，则其他波段也可能具有较高的重要性。过多的特征参与分类会导致信息冗余，进而影响分类速度和精度。因此，对特征的重要性进行排序可以作为降维或特征优选的依据。随机森林模型的一个众所周知的优点是它能够评估变量的重要性，这可以作为特征优化或降维的基础(Zhu et al., 2019)。本节采用平均基尼指数下降(MDG)的方法来计算特征重要性。但是，对于得到的重要性结果应谨慎对待。这可能是一个陷阱。随机森林的变量重要性衡量的并不完全是变量对目标变量预测的贡献能力，而是在这个模型中对目标变量预测的贡献能力，所以将其单纯用来评价变量的重要性值得商榷，需要进一步的研究来评估变量重要性在特征选择和优化中的作用。在优化特征选择过程中，如果剔除了那些被认为不重要的特征，则有可能会忽略一些有用的信息。例如，对于多个相关的特征，其中任何一个都可以用作指示器(一个优秀的特征)。一旦其中一个特征被选定，其他相关特征的重要性就会急剧下降，因为所选特征降低了不纯度。由于不纯度已经较低，因此其他特征很难再被选中。这导致了一种误解，即首先选择的特征被认为具有较高的重要性，而其他特征往往被认为重要性较低。如果排除了这些所谓的重要性低的特征，势必会损失一些可能对分类非常有用的信息。本节 NDVI_cv 特征被认为重要性相对较低，但分类结果表明，NDVI_cv 能有效地提高总体分类精度，特别是对水田和不透水面。因此，在应用随机森林模型时，应综合考虑重要性排序和不同特征之间的关系来选择特征。

7.5　本　章　小　结

本章以 Sentinel-2 时间序列影像为数据源，构建 NDVI 时序堆栈并计算 NDVI 时序平均值、变异系数两个统计参数，利用光谱、纹理和时序统计参数的不同特征组合分类，探讨时间序列统计指标在多云多雨区土地覆盖制图中的优势。本章研究表明，时间序列 NDVI 统计指标与单日图像的光谱和纹理特征相结合可用于准确了解易受云雨影响的热带地区的复杂土地覆盖动态。时间序列统计指标是表征土地覆盖季节性波动信息的有效方法。时间序列分析可以利用密集的低质量图像中的清晰像素，减少天气状况等随机因素对单日图像的影响。NDVI_mean 可以有效区分林地和其他土地类别，并在很大程度上减少农田和其他土地覆盖类型之间的错误分类。NDVI_cv 也可以区分不透水面和休耕农田。仅依赖单景影像进行光谱特征分类时，OA 和 Kappa 系数分别为 0.8543 和 0.8162。当集成 NDVI_mean 和 NDVI_cv 指标时，OA 和 Kappa 系数分别达到 0.9357 和 0.9190。时间序列统计分析在考虑季节性变化方面也更加稳健，而且计算简单，显示了其在热带易云区大尺度土地覆盖高精度制图中的潜力。

第 *8* 章

基于 Sentinel-1 时序相似性与统计特征的
水稻提取

遥感卫星具有覆盖范围广、可重复访问的性质，其为大范围水稻种植监测提供了有效手段。光学影像在近红外与短波红外波段对农作物有较好的区分，被广泛应用于作物信息提取研究中。然而，东南亚地区地处热带，植被生长茂盛，自然植被与栽培作物之间光谱特征相似，仅依赖单期或少数几期影像光谱特征的遥感分类方法提取的水稻信息精度难以保证(管续栋等，2014)。与此同时，由于光热条件适宜，区域水稻种植模式较为灵活，在有灌溉措施保证的情况下可一年多熟，利用单景影像难以准确提取水稻种植结构。

近年来，基于时间序列遥感的方法在作物种植信息提取中得到越来越多的应用。然而，东南亚地区雨季时间较长，云覆盖严重，难以获得质量较高的多光谱数据。而微波具有较强的穿透性，不受云雨天气影响，可全天候工作以提供连续的时间序列信息。因此，在无法获得足够观测频率光学数据情况下，时间序列 SAR 数据提供了有益的补充。随着欧洲航天局 Sentinel-1 卫星的发射成功，较高重访周期、较高空间分辨率的 Sentinel-1 SAR 数据为水稻提取提供了新的途径。Clauss 等(2018)利用 Sentinel-1 SAR 数据基于决策树分类器对亚洲 6 个不同区域的水稻种植面积进行提取。Lasko 等(2018)基于多期 Sentinel-1 数据构建时间序列，利用随机森林分类器对越南首府河内附近区域的单季稻、多季稻进行提取，并对比了 VH 极化和 VV 极化对水稻提取精度的影响。Torbick 等(2017)基于 Sentinel-1 数据，辅以 Landsat-8、PALSAR-2 数据对缅甸全国的水稻分布进行提取，取得了较好的分类效果。然而，当前研究大多是将不同时间的 SAR 影像视为不同波段，通过影像组合开展监督或非监督分类，虽然可以在一定程度上自动选取最优波段组合，却忽略了波段间的时间关联性，重要的时间演化特征没有得到充分利用。如何基于时间序列 SAR 数据获取作物生长特征提高作物生产者精度需要进一步探索。

本章以泰国湄南河流域中部平原水稻种植为例，基于一年内所有可获取的

Sentinel-1 SAR 时序数据，提出一种融合时序统计参数与时序曲线相似性特征的水稻种植信息提取方法，以提高热带、亚热带多云多雨地区复杂种植模式下的水稻制图精度。

8.1 数据源及处理

8.1.1 研究区概况

研究区位于泰国湄南河流域中部平原，属于热带季风气候，全年平均温度达 27℃，分雨季、旱季两季，10 月至次年 4 月为旱季，干燥少雨；4 月至 10 月为雨季，雨水充沛，平均年降水量达 1000 mm 以上（左明，2002）。湄南河全长 1352 km，流域面积约 15 万 km^2，是泰国重要的农业耕作区，主要农作物为水稻、木薯、甘蔗，不同作物生长周期差异较大。区域地势平坦，湄南河沿岸地区灌溉设施齐全，种植有大量双季稻。研究区东部靠近呵叻高原，距离湄南河较远，灌溉设施不足，以种植单季稻为主。

8.1.2 遥感数据处理

本节使用的 Sentinel-1 SAR 数据从 https://scihub.copernicus.eu/网站下载，时间为 2018 年全年，数据获取模式为干涉宽幅（interferometric wide swath，IW）模式，产品类型为 Level-1 级地距影像（ground range detected，GRD）。其空间分辨率为 5 m×20 m，幅宽为 250 km，包含 VH 与 VV 两种极化方式。全年共获得影像 46 景，其中 1～5 月的 Sentinel-1B 影像缺失，共 12 景影像，时间间隔为 12 天；6～12 月共获取 34 景影像，时间间隔为 6 天。

Sentinel-1 数据的预处理主要包括多视距处理、大气校正、斑点滤波以及几何校正，利用 ESA 提供的 SNAP 软件中的 Sentinel-1 Toolbox（S1TBX）工具实现。为去除雷达成像时的斑点噪声，选取 Refined Lee 算法对图像进行滤波处理。最后将后向散射系数进行转分贝处理，转化方法如下：

$$\sigma_{dB} = 10 \lg DN \tag{8-1}$$

式中，DN 值为图像像素灰度值；σ_{dB} 为后向散射系数。

Sentinel-2A 光学影像主要用于面向对象分割，提取对象单元。从 https://scihub.copernicus.eu/下载研究区无云且质量较好的一幅 Sentinel-2A 影像（2018 年 3 月 18 日），该数据为经过正射校正和亚像元级几何精校正后的 L1C 大气表观反射率产品，利用 ESA 提供的 Sen2cor 插件对 Sentinel-2A 影像进行辐射定标与大气校正。

8.1.3　验证数据

2018 年对研究区进行野外调查共获得 181 个实地样本点，结合 Google Earth 高分遥感影像，总共选取样本点 431 个，其中单季稻样本点 151 个，多季稻 150 个，林地 70 个，木薯 30 个，水体 30 个。验证点类型及分布如图 8-1 所示。

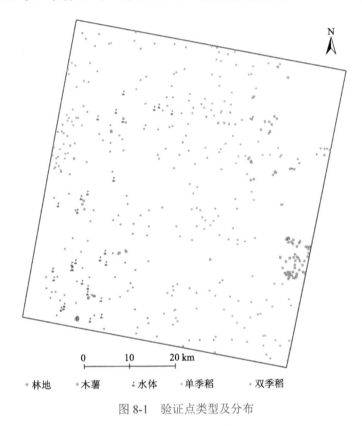

图 8-1　验证点类型及分布

8.2　研 究 方 法

基于 Sentinel-1 时间序列影像蕴含的高频时序信息，将时序统计参数与时序曲线相似性特征相结合，进行水稻种植信息提取。首先利用一年内所有可获取的 Sentinel-1 数据构建不同地物的后向散射系数时间序列曲线，并计算时序曲线的统计参数；然后利用基于像元的动态时间规整(pixel-based dynamic time warping, PBDTW)算法和基于对象的动态时间规整(object-based dynamic time warping,

OBDTW)算法计算时序曲线与标准地物曲线的隶属度；最后将时序统计参数、时序曲线隶属度相结合，利用随机森林分类器进行分类，提取水稻种植信息，并比较不同算法的分类结果，具体技术流程见图 8-2。

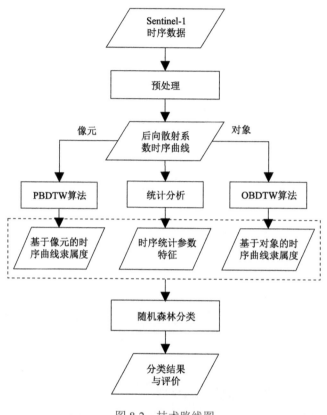

图 8-2　技术路线图

8.2.1　后向散射系数时序曲线构建

由于雷达图像受斑点噪声影响较为严重，即使在进行 Refined Lee 滤波后仍有较为明显的椒盐现象(李俐等, 2018)，在此情况下提取的时序曲线波动性大，无法获得具有代表性的参考曲线。因此进一步通过 Savitzky-Golay 滤波器对时序曲线进行滤波处理，得到较为平滑的地物年时序曲线。Savitzky-Golay 滤波过程中在滤波核左右各选 5 个点，平滑多项式次数设为 2，经多次验证，该参数组合可以得到较好的平滑结果。

8.2.2 时序特征参数提取

通过地物时序曲线进一步提取地物时序统计参数，时序统计参数可以量化地物后向散射系数在一年内的波动特征。本节所选取的后向散射系数时序统计特征包括均值、最大值、最小值与标准差。由于不同地物生长模式差异较大，后向散射曲线的时序统计特征也有不同，可以将其用来对地物进行区分。本节通过 python tsfresh 扩展包计算 VH 和 VV 极化方式下后向散射系数时序曲线特征参数。

8.2.3 基于 DTW 时序曲线相似性计算

利用 DTW 方法计算地物后向散射系数曲线与参考曲线间的最小距离，以判别其相似度 (Guan et al., 2016)。由于 Sentinel-1 数据空间分辨率较高，单景影像所含像元数量巨大，基于逐像元匹配的 PBDTW 方法计算耗时较长，同时，分类结果椒盐现象明显。为此，进一步采用基于对象的 OBDTW 方法来计算曲线相似度。在基于面向对象的曲线匹配方法中，首先需要获取地物类型纯净的对象单元。Sentinel-1 影像波段数较少，而 Sentinel-2 多光谱影像包含丰富的光谱信息，适宜用来做面向对象的分割，因此，基于研究区同一年份的一景无云 Sentinel-2 多光谱影像，使用 eCognition 软件进行多尺度对象分割 (Blaschke et al., 2014; Li et al., 2016)。其中 Scale parameter 参数设为 100、Shape 参数设为 0.1、Compactness 参数设为 0.5。通过对象分割后，每一对象单元的后向散射系数取该对象内所有像元的平均值，最终得到该对象的时序后向散射系数曲线，并与参考曲线进行 DTW 距离计算，得到该对象的地物相似度。

8.2.4 随机森林分类与验证

本节利用随机森林模型分别对 PBDTW 时序相似度、PBDTW 时序相似度+时序统计参数、OBDTW 时序相似度以及 OBDTW 时序相似度+时序统计参数共 4 种组合进行分类，提取水稻种植结构。根据野外调查获得的实地样本点，利用混淆矩阵对分类结果进行精度验证。

8.3 结果与分析

8.3.1 典型地物后向散射系数参考曲线特征

由于不同地物在 VH 极化、VV 极化模式下后向散射系数曲线大体相似，因此以 VH 极化模式为例，对不同地物后向散射系数年时序曲线结果 (图 8-3) 进行分析。

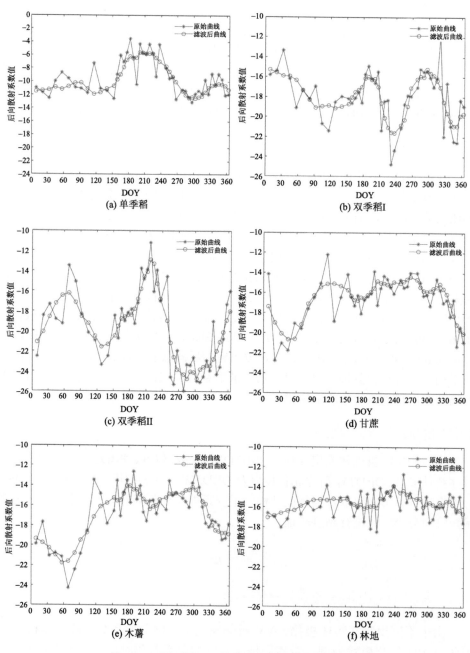

图 8-3　不同地物 VH 极化后向散射系数参考曲线

由图 8-3 可知，单季稻为一年一熟作物，生长周期在 4～5 个月左右，生长时间集中在 6～10 月多雨时间段。双季稻在时序曲线上有两个明显的波峰，旱季和雨季各有一次峰值出现，旱季水稻需人为灌溉，生长周期较短，一般持续 3 个月左右；雨季水稻生长周期较长，一般持续 5 个月左右。甘蔗、木薯为一年一熟或多年生的旱地作物，时序曲线都存在一个明显的波峰。但与单季稻相比，甘蔗和木薯生长周期更长，二者的时序曲线均有明显的长时间段的波型图出现，横跨旱季和雨季两季。林地的时序曲线波动较小，与其他地物区别明显。

8.3.2　时序统计参数特征

根据时序曲线计算的统计特征参数最大值、最小值、均值与标准差空间分布如图 8-4 所示。最大值和最小值反映的是地物后向散射系数年内变化范围。通常情况下，水体复介电常数较大，表面光滑，产生镜面反射，其后向散射系数年最大值在所有地类中为最低。最大值反映的是一年内地物在特定时期的最强后向散射能力，因此，除水体外，最大值对其他不同地物的区分能力较弱。由图 8-4(a)可以看出，大部分地区的后向散射系数最大值均较高，高值区主要分布在湄南河东部，这是因为在水稻生长过程中，由于灌水期的存在，其后向散射系数在年内存在最小值，其值与水体较为接近。而旱地作物与林地不存在灌水期，其后向散射系数的最小值较高。图 8-4(b)中，不同地物的后向散射系数最小值差异较为明显，低值区主要分布在湄南河东岸，高值区主要位于河岸两侧及东部高地。均值是一年内地物时序后向散射系数的平均值。由于灌水期的存在，水稻的年后向散射系数均值低于旱地作物和林地，而双季稻一年内存在两次灌水期，其均值低于单季稻。在图 8-4(c)中，均值的空间分布格局与图 8-4(b)相似。标准差反映了地物后向散射系数年际变化的离散程度。由于年内后向散射系数变化较大，水稻的后向散射系数具有较大的标准差。而林地和水体的年内后向散射系数较为稳定，因此标准差较小。由图 8-4(d)可以看出，研究区地物后向散射系数标准差的高值区位于湄南河东岸，低值区则沿河两岸分布。总体看，不同的时序统计参数在空间上具有不同的格局特征，在一定程度上可以指示不同的地物类型，如水体、林地、单季稻、双季稻等。因此，结合这些时序统计特征有助于对水稻种植结构进行识别。

8.3.3　分类结果及精度评价

将时序特征参数、时序曲线隶属度相结合，输入随机森林分类器中，得到最终的地类提取结果，如图 8-5 所示。分别计算不同分类算法的用户精度与生产者精度，结果见表 8-1 。由表 8-1 可知，用 PBDTW 方法识别的单季稻用户精度和

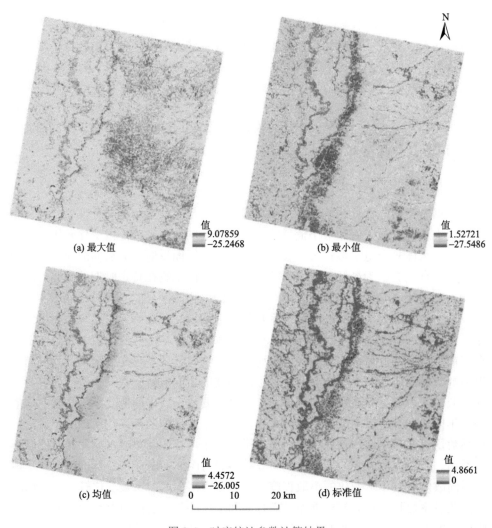

图 8-4 时序统计参数计算结果

生产者精度分别为 72.19% 和 73.65%，双季稻为 79.33% 和 78.81%。主要的误分存在于单季稻和木薯之间。用 OBDTW 方法识别的单季稻用户精度和生产者精度分别为 76.16% 和 77.18%，双季稻为 83.33% 和 78.62%。用 OBDTW 方法进行识别使得对单季稻与木薯的误分有所减少。总体看，OBDTW 方法对水稻的识别精度稍高于 PBDTW，单季稻用户精度、生产者精度分别提高 3.97 和 3.53 个百分点，两种方法对双季稻的识别精度相差不大。此外，OBDTW 方法的分类结果图破碎化程度低，图像整体性较好，但也会损失一定纹理信息。PBDTW 方法虽然可以保留大部分纹理信息，但图像破碎化程度高，椒盐现象明显。

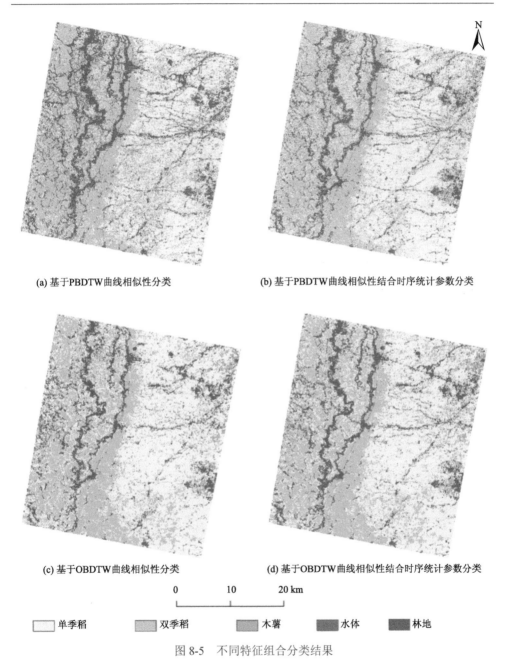

(a) 基于PBDTW曲线相似性分类　　　　　(b) 基于PBDTW曲线相似性结合时序统计参数分类

(c) 基于OBDTW曲线相似性分类　　　　　(d) 基于OBDTW曲线相似性结合时序统计参数分类

0　　　10　　　20 km

☐ 单季稻　　　☐ 双季稻　　　☐ 木薯　　　■ 水体　　　■ 林地

图 8-5　不同特征组合分类结果

　　加入时间序列统计特征后，两种分类方法的分类精度均有较明显的提高。PBDTW 方法结合时序统计参数识别单季稻的用户精度、生产者精度分别为

78.81%和80.41%，相较于仅使用 PBDTW 方法提高 6.62 和 6.76 个百分点。识别的双季稻的用户精度与生产者精度分别为84.67%和82.47%，分别提高5.34 和3.66 个百分点。单季稻与双季稻间、单季稻与木薯的误分都得到一定程度的改善。

表 8-1　不同方法分类结果混淆矩阵

分类方法	地类	水体	林地	单季稻	双季稻	木薯	总计	用户精度/%
基于 PBDTW 曲线相似性分类	水体	24	3	2	1	0	30	80.0
	林地	4	62	4	0	0	70	88.57
	单季稻	0	0	109	30	12	151	72.19
	双季稻	0	8	23	119	0	150	79.33
	木薯	0	0	10	1	19	30	63.33
	总计	28	73	148	151	31	431	
	生产者精度/%	85.71	84.93	73.65	78.81	61.29		
基于 PBDTW 曲线相似性结合时序统计参数分类	水体	24	2	2	2	0	30	80.0
	林地	0	69	1	0	0	70	98.57
	单季稻	0	1	119	24	7	151	78.81
	双季稻	0	2	21	127	0	150	84.67
	木薯	0	0	5	1	24	30	80.0
	总计	24	74	148	154	31	431	
	生产者精度/%	100.0	93.24	80.41	82.47	77.42		
基于 OBDTW 曲线相似性分类	水体	24	3	0	3	0	30	80.0
	林地	0	64	6	0	0	70	91.43
	单季稻	1	0	115	30	5	151	76.16
	双季稻	0	5	20	125	0	150	83.33
	木薯	0	0	8	1	21	30	70.0
	总计	24	72	149	159	26	431	
	生产者精度/%	96.00	88.89	77.18	78.62	80.77		
基于 OBDTW 曲线相似性结合时序统计参数分类	水体	25	3	0	2	0	30	80.0
	林地	0	66	4	0	0	70	94.29
	单季稻	0	0	123	21	7	151	81.46
	双季稻	0	0	18	132	0	150	86.67
	木薯	0	0	5	2	23	30	76.67
	总计	25	69	150	157	30	431	
	生产者精度/%	100.0	95.65	82.00	84.08	76.67		

OBDTW 方法结合时序统计参数对单季稻识别的用户精度为 81.46%，生产者精度为 82.00%，相较于仅使用 OBDTW 方法分别提高 5.3 和 4.82 个百分点，双季稻识别的用户精度为 86.67%，生产者精度为 84.08%，相较于仅使用 OBDTW 算法分别提高 3.34 和 5.46 个百分点。总体看，4 种方法中 OBDTW 方法结合时序统计参数对单季稻、双季稻识别精度均为最高。

8.4　讨　　论

由于作物光谱特征的复杂性，利用单景影像通常难以对双季稻进行有效区分。近年来，基于时间序列影像的分类方法得到重视，时间序列影像中包含的时序信息可以作为土地覆盖识别的重要分类依据 (Huang et al., 2020; Vuolo et al., 2018)。常见方法为构建 NDVI 时间序列，利用不同作物的 NDVI 时序曲线差异为作物分类提供有效支持 (Guan et al., 2016; Huang et al., 2020; 苗翠翠等, 2011)。

中南半岛雨季云覆盖严重，无法获取足够多的高质量多光谱影像，对时序曲线的构建影响较大 (Huang et al., 2020)。Savitzky-Golay 滤波在一定程度上可以降低云覆盖影响，但对于长时间处于云覆盖区域则无能为力。使用其他影像插补不但费时费力，曲线的真实性也会大打折扣，不利于进一步曲线匹配。雷达数据不受云雨天气影响，在雨季同样可获取高质量影像数据，对于热带地区的作物制图具有极大潜力 (Clauss et al., 2018; Singha et al., 2019)。2018 年共有 46 景 Sentinel-1 SAR 数据可用，时间分布较为均匀，较好地保证了时序曲线的完整性。以完整作物生长时间序列曲线为依据进行水稻种植模式的提取，可更为充分地挖掘水稻生长过程中的变化信息，使双季稻的识别有更好的分类依据。

由于东南亚地区水热条件适宜，水稻种植时间灵活，本节引入 DTW 方法计算时序曲线相似度。通过对应用 PBDTW 和 OBDTW 两种方法计算得到的曲线相似度进行对比发现，OBDTW 方法以对象为运算单位，计算量远少于 PBDTW 方法，适合进行大区域分析，同时分类精度也有所提高。这是因为雷达影像存在椒盐现象，PBDTW 方法以像元为比对单位，单个像元受噪声影响较大，对时序曲线的构建及比较产生影响，进而造成错分。而 OBDTW 方法在影像对象分割的基础上，通过计算对象内所有像元后向散射系数的平均值，从而减少噪声影响。需要注意的是，DTW 方法更注重曲线形态的匹配，会对曲线进行一定程度的拉伸或压缩，忽略了曲线长短的差异，有可能存在时间过度对齐问题 (Guan et al., 2018)，造成不同地类间的误分。例如，PBDTW 方法对单季稻与木薯的识别误分较多，虽然两者的时序曲线都为单峰，但生长周期差别明显。而 DTW 方法基于动态匹配方法，可能会忽略生长周期长短的差异而将二者识别为同一地物。通过时序统计参数的引入，从统计特征上对时序曲线的相似性进行补充，进一步挖掘时序曲线本身的定量信息，减少误分情况的发生。此外，基于 DTW 方法的曲线匹配可得到待识别像元/对象与参考地物的分类隶属度，隶属度越高则两者属于同一地物的可能性越大，这就需要设定合理的隶属度阈值来实现不同地物的精确划分。通常情况下，阈值通过人为设定，本节利用随机森林分类器通过模型优选自动选取阈值，一定程度上减少了人为因素的主观影响。

8.5　本章小结

本章基于时间序列 Sentinel-1 SAR 数据提出一种融合时序统计参数与时序曲线相似性特征的水稻种植信息提取方法，以提高热带、亚热带多云多雨地区复杂种植模式下的水稻种植结构识别精度。研究表明，用时间序列 Sentinel-1 SAR 数据构建地物后向散射系数年际变化曲线能较好地反映作物生长信息，通过时序曲线相似性匹配，并结合曲线统计特征参数，可提高多云多雨地区水稻复杂种植信息提取精度。时序统计特征参数的加入，对基于时序曲线相似性的水稻信息提取构成有益补充，进一步提高分类精度。基于 PBDTW 曲线相似性结合时序统计参数，使单季稻提取的用户精度和生产者精度分别提高 6.62 和 6.76 个百分点；双季稻分别提高 5.34 和 3.66 个百分点。基于 OBDTW 曲线相似性结合时序统计参数，使单季稻提取的用户精度和生产者精度分别提高 5.3 和 4.82 个百分点，双季稻分别提高 3.34 和 5.46 个百分点。基于 OBDTW 方法通过计算对象内所有像元后向散射系数均值减少噪声影响，分类精度优于基于 PBDTW 方法，且图像整体性更好。总体看，基于 OBDTW 曲线相似性结合时序统计参数识别的水稻提取精度最高，其中，单季稻用户精度和生产者精度分别为 81.46%和 82.00%，双季稻为 86.67%和 84.08%。

第9章

协同Sentinel-1/2时序特征的城市不透水面提取

自2000年以来，东南亚的城市化进程明显加快，许多中小城市扩张迅速。快速的城市化和城市土地侵占极有可能带来不利的生态、经济和社会后果(Sharifi et al., 2014)。然而，针对快速城市化问题的研究大多集中在中高收入国家，如美国或中国(Reba and Seto, 2020)，或超过500万人口的大城市和特大城市(Taubenböck et al., 2012)，而较少有研究关注东南亚中小城市的快速扩张。

利用遥感提取不透水面信息是城市扩张研究的关键问题之一。自20世纪80年代以来，不同来源的光学影像被广泛应用于城市不透水面提取(Wang and Li, 2019)。SAR可以捕捉到地表材料的结构和介电性质，对建筑物几何特征很敏感，也可用于提取不透水面信息(Lin et al., 2020)。基于不同的光学和SAR数据源，目前已经生产了数套全球尺度的土地覆盖数据集(含不透水面类别)和城市不透水面专题数据集，并将其应用于全球或国家尺度的不透水面变化分析或大城市扩张监测(Gong et al., 2019, 2020; Sexton et al., 2013)。然而，当将其应用于东南亚中小城市时，这些数据的准确性仍然存疑。地表对象的波动变化是利用光学和合成孔径雷达影像提取城市不透水面的主要挑战(Wang and Li, 2019)。

为了解决这个问题，本章研究了如何协同时间序列光学与SAR遥感数据来减少不透水面与其他土地覆盖类型之间的分类误差。本章首先分析了时间序列光学和SAR数据的不同统计指标在城市不透水面提取中的能力，进而在机器学习框架下，协同光学和SAR数据时序统计指标，将其作为主要分类特征，开展精细尺度的城市不透水面信息提取，并以老挝首都万象为例分析城市扩张动态。

9.1 数据及处理

9.1.1 研究区

老挝首都万象市处于该国南北走向国土区域的中间位置,位于湄公河左岸(Rafiqui and Gentile, 2009)(图 9-1)。万象市属于热带气候,年平均最高和最低温度分别为 31.1℃和 21.8℃。年平均降水量为 1660.5 mm。自从老挝于 1986 年启动新经济体制以来,万象获得了大量的政府和外国直接投资,以改善交通基础设施(Sharifi et al., 2014)。根据万象首都中心区的总体规划,本节的城市区域界定为"450 年路"、13 号公路北段和 Rue Thadeua 包围的部分,南部以湄公河为天然边界(图 9-1)。根据万象城市景观生态特点,主要土地覆盖类型分为五类:城市土地、裸土、森林、耕地和水体。本节城市土地指以建筑环境为主的地方,包括所有不透水面和人类建造的元素(如道路、建筑物)(Schneider et al., 2015)。在光学图像中,由金属或新铺设混凝土组成的城市土地反射率较高,色调明亮;而由沥青或旧混凝土组成的城市土地反射率较低,色调较暗。因此,进一步将城市土地分为亮城市土地和暗城市土地。

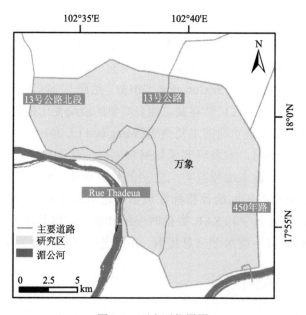

图 9-1 研究区位置图

9.1.2　数据处理

1. Sentinel-2 与 Landsat 光学影像

从谷歌地球引擎(GEE)收集了 2019 年 70 张 Sentinel-2 图像，2010 年 9 张 Landsat TM 图像、13 张 Landsat ETM+图像，以及 2000 年 18 张 Landsat TM 图像和 5 张 Landsat ETM+图像。通过使用 BQA(Landsat)或 QA60(Sentinel-2)掩码波段与云层掩码信息去除云层和卷云，获得了良好的观测结果。使用式(9-1)~式(9-3)对每张图像计算了三种广泛使用的植被指数，包括 NDVI(Tucker, 1979)、增强植被指数(EVI)(Huete et al., 2002)、地表水分指数(land surface water index, LSWI)(Xiao et al., 2006)。

$$NDVI = \frac{\rho_{NIR} - \rho_{Red}}{\rho_{NIR} + \rho_{Red}} \tag{9-1}$$

$$EVI = 2.5 \times \frac{\rho_{NIR} - \rho_{Red}}{\rho_{NIR} + 6 \times \rho_{Red} - 7.5 \times \rho_{Blue} + 1} \tag{9-2}$$

$$LSWI = \frac{\rho_{NIR} - \rho_{SWIRI}}{\rho_{NIR} + \rho_{SWIRI}} \tag{9-3}$$

式中，ρ_{Blue}、ρ_{Red}、ρ_{NIR} 和 ρ_{SWIRI} 为 Landsat 和 Sentinel-2 影像蓝光波段、红光波段、近红外波段和短波红外波段的地表反射率值。

2. Sentinel-1 与 ALOS PALSAR-2 影像

从 GEE 收集了 2019 年 122 张 Setninel-1 图像，数据预处理方法见第 8 章。另外，收集了 2010 年的 ALOS PALSAR-2 镶嵌图像，用于 2010 年的城市土地识别。对 GEE 中的 PALSAR-2 图像使用 90 m SRTM 数字高程模型进行了正射校正和坡度修正。PALSAR HH 和 HV 波段的 DN 值用 $\gamma_0=10\lg(DN^2)-83.0$(Shimada et al., 2009)转换为以 dB 为单位的后向散射系数。25 m 的 PALSAR 图像被重取样为 30 m 的图像，以匹配 Landsat 图像的空间分辨率。

3. 参考数据集

从三套公开数据产品中提取万象市城市不透水面数据，与本节结果进行交叉验证。包括：①2017 年 10 m 分辨率全球土地覆盖产品(FROM-GLC10)(Gong et al., 2019)(FROM-GLC10 数据的不透水面层代码为 80)；②基于 Sentinel-1 数据研制的 2016 年 20 m 分辨率全球人类居住区数据(GHS-S1)(Corbane et al., 2018)；③1985~2018 年 30 m 分辨率的年度全球人工不透水面数据(GAIA)(Gong et al.,

2020），通过对年度不透水面数据进行合并以获得 2018 年的城市用地层。

4. 精度评估数据

随机生成了 1000 个样本点，并借助 Google Earth 高分辨率图像进行人工解译。无法获得参考资料或因云层干扰而没有明确土地覆盖信息的点被排除在外。3 个时期土地利用类型不一致的点也被排除。总共有 70 个亮城市土地样点、86 个暗城市土地样点、64 个裸土点、72 个森林点和 64 个耕地点被用作 3 个目标年份的稳定训练数据。

随机生成另外 1000 个验证点，用于评估城市土地制图的准确性。2000 年、2010 年和 2019 年分别有 230 个、283 个和 342 个城市土地验证点，非城市土地有 770 个、717 个和 658 个验证点。此外，为了比较此分类结果与其他 3 种公共产品的精度，还对这 1000 个验证点在 2016 年、2017 年和 2018 年的类别进行了标注。

9.2 研 究 方 法

9.2.1 城市用地提取

通过集成时间序列光学和 SAR 数据，本节提出了一种中小城市不透水面自动制图方法(图 9-2)，提取老挝万象市 2010 年和 2019 年的城市土地。在提取 2000 年的城市土地时，由于无当年可用的 SAR 数据，对该方法做了部分简化，仅使用时间序列光学数据提取城市用地。根据使用的卫星图像空间分辨率，2000 年和 2010 年城市土地的空间分辨率为 30 m，2019 年为 10 m。

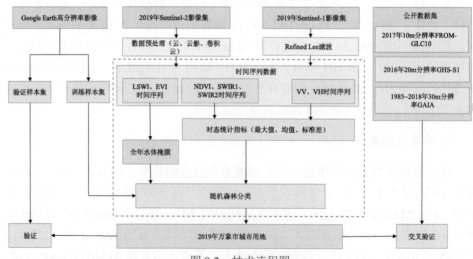

图 9-2 技术流程图

1. 水体掩膜

在提取城市用地之前，首先排除易混淆的水体信息，因为在 SAR 图像中，水体与一些不透水面具有相似的后向散射特性（Zhang et al., 2016），而在光学图像中与暗不透水面具有相似的光谱反射特征（Lu and Weng, 2006）。利用 EVI 和 LSWI 的时间序列数据，生成各年的水体掩膜。根据式（9-4）计算每个像元的水淹频率（WF），WF≥80%的像素被确定为全年水体（Qin et al., 2017）。

$$WF = \frac{N_{LSWI-EVI \geq 0}}{N_{Gqos}} \tag{9-4}$$

式中，$N_{LSWI-EVI \geq 0}$ 为高质量影像中 LSWI – EVI≥0 的影像景数；N_{Gqos} 为高质量观测影像景数；WF 为一年中 LSWI – EVI≥0 的观测影像期数占全部高质量观测影像期数的比例。

2. 时态统计指标计算

从年时间序列光学图像中计算 NDVI 的最大值、平均值和标准差值（即 NDVI_max、NDVI_mean、NDVI_std）以及 SWIR1 和 SWIR2 波段的平均值和标准差（即 SWIR1_mean, SWIR1_std, SWIR2_mean, SWIR2_std）；从年时间序列 Sentinel-1 SAR 图像中计算 VV 和 VH 的均值和标准差（即 VV_mean, VV_std, VH_mean, VH_std）。这些统计指标被进一步用作分类特征，以区分城市不透水面和其他土地覆盖类型。用于 2000 年、2010 年和 2019 年城市土地分类的特征见表 9-1。

表 9-1　用于城市用地信息提取的特征组合

年份	光学时序统计指标	SAR 影像特征
2000	NDVI_max, NDVI_mean, NDVI_std, SWIR1_mean, SWIR1_std, SWIR2_mean, SWIR2_std（利用时间序列 Landsat 卫星影像计算）	
2010	NDVI_max, NDVI_mean, NDVI_std, SWIR1_mean, SWIR1_std, SWIR2_mean, SWIR2_std（利用时间序列 Landsat 卫星影像计算）	HH, HV（PALSAR-2）
2019	NDVI_max, NDVI_mean, NDVI_std, SWIR1_mean, SWIR1_std, SWIR2_mean, SWIR2_std（利用时间序列 Sentinel-2 卫星影像计算）	VV_mean, VV_std, VH_mean, VH_std（利用时间序列 Sentinel-1 卫星影像计算）

3. 分类与精度评估

利用 GEE 中的随机森林(RF)分类器对不同年份的特征组合进行分类。利用混淆矩阵对分类结果进行精度评估，包括 OA、Kappa 系数、PA 和 UA。

9.2.2 城市扩展分析

1. 城市扩展动态

城市扩张率(ER)和年增长率(AGR)两个指标被用来评价城市扩张的时间速率(Zhao et al., 2018)。ER 和 AGR 的定义见式(9-5)和式(9-6)：

$$ER = \frac{S_{T_2} - S_{T_1}}{S_{T_1}} \times \frac{1}{N} \times 100\%$$ (9-5)

$$AGR = \left[\left(\frac{S_{T_2}}{S_{T_1}} \right)^{\frac{1}{N}} - 1 \right] \times 100\%$$ (9-6)

式中，S_{T_2} 和 S_{T_1} 分别为 T_2 和 T_1 时刻的城市用地面积；N 为时间间隔。

采用 Jiao(2015)提出的城市用地密度函数 f [式(9-7)]来拟合城市用地密度与城市中心距离的关系。

$$f(r) = \frac{1-c}{1 + e\alpha^{[(2r/D)-1]}} + c$$ (9-7)

式中，f 为城市用地密度；r 为同心环到城市中心的距离；e 为欧拉数；α、c 和 D 为拟合参数。c 代表一个城市腹地的城市用地密度的背景值，D 表示一个城市的大致范围，c 和 D 会随着城市面积的扩大而增大，α 用于衡量城市的紧凑程度，数值越高表示城市形态越紧凑(Jiao, 2015)。

同心环划分被广泛用于分析城市用地密度的变化，它保证了在任何方向上对城市增长的同等测量，以确定某些区位的可能趋势(Jiao, 2015; Xu et al., 2019a, 2019b)。根据同心环计算城市土地密度，即城市用地面积占每个环内可建面积的比例。通过检查 Google Earth 中的历史高分辨率图像，将万象市的发源地(政府区周围)作为城市中心。考虑到万象市的范围，测试了不同半径值的同心环(即 0.5 km、1 km 和 1.5 km)对城市扩张的影响。尽管结果有细微的影响，但总体趋势是相似的。最终选择 0.5 km 作为半径步长，从城市中心到最外圈建立了一系列等距离(0.5 km)的同心环，以覆盖整个城市土地。采用非线性最小二乘法，用 Matlab 2017a 拟合城市用地密度距离函数。

2. 城市扩张模式

城市扩张一般分为填充式、边缘式和跃迁式(Fei and Zhao, 2019)。填充式指通过填补现有城市斑块内的空隙形成新的城市斑块。边缘式指新的城市斑块沿着现有城市斑块的边缘向外延伸。如果扩张的斑块不与任何现有的城市斑块重叠,那么它被认为是跃迁式。这三种类型的城市扩张用式(9-8)中的指数 E 来确定。

$$E = \frac{L_{com}}{P_{new}} \tag{9-8}$$

式中,L_{com} 为新城市斑块与现有城市斑块之间的共同边界长度;P_{new} 为新城市斑块的周长。当 $E=0$ 时发生跃迁式扩张,当 $0<E\leq0.5$ 时发生边缘式扩张,当 $0.5<E\leq1$ 时发生填充式扩张。

9.3 结果与分析

9.3.1 不同统计指标对不透水面的区分能力

图9-3 显示了2019 年从万象市收集的具有代表性的城市用地像素和其他三种非城市用地像素(即森林、耕地和裸土)的二维散点图/密度图。不同的土地覆盖类型在 SWIR、NDVI、VV 和 VH 统计指标中都持有其特定的分布模式。城市用地和裸土的 SWIR_mean 分别为 0.2~0.4 和大于 0.4。城市用地和裸土的 SWIR_std 值分别为 0.05~0.075 和 0.1 左右。因此,SWIR 有助于区分城市用地和裸土,因为裸土在 SWIR 年时间序列的平均值和标准差上都比城市用地高[图 9-3(a)和 9-3(b)]。NDVI_max 可以有效区分城市用地与森林和耕地,因为城市用地全年的植被量相对较少,其 NDVI_max 值在 0.2 左右,而森林和耕地在生长旺季有大量植被,其 NDVI_max 值分别为 0.9 和 0.7 左右。NDVI_mean 和 NDVI_std 可以反映植被(如森林、耕地)的物候特征和年际变化。耕地和森林的 NDVI_mean 值明显大于城市用地[图 9-3(c)]。此外,耕地和森林表现出比城市用地更大的 NDVI_std 值,表明城市用地上的 NDVI 在一年中保持相对稳定,标准差较小[图 9-3(d)]。

SAR 影像在暗城市用地和亮城市土地上没有明显的差异,两者的 VV 和 VH 统计指标值非常相似[图 9-3(e)和图 9-3(f)]。城市用地和其他土地覆盖类型在 VV 和 VH 统计指标值上则有很大的不同。例如,暗城市用地和亮城市用地都有较高的 VV_mean 和 VH_mean 值,这是因为它们的角反射率很强,明显高于裸土和耕地。森林由于复杂的结构和内部反射条件,同样具有较高的 VV_mean 和 VH_mean 值,但仍弱于城市用地[图 9-3(e)和图 9-3(f)]。城市用地、裸土和森林的粗糙度在一年中变化不大，所以背向散射值的变化很小，导致这些类型的 VV 和 VH 的标准差很小。裸土的 VH 标准差比城市用地和森林略大，因为 VH 对土壤湿度的变化更敏感。耕地的 VV 和 VH 的标准差大于城市用地、森林和裸土，因为一年中有播种、生长和收获，所以粗糙度变化很大。因此，VV 和 VH 的平均值有助于区分城市用地与耕地和裸土，VV 和 VH 的标准差有助于区分城市用地与耕地。

总之，SWIR1、SWIR2、VV 和 VH 的统计指标可以区分城市用地与裸土和耕地，NDVI 的统计指标可以区分城市用地与植被（耕地和森林）。集成光学和 SAR 时序统计指标有助于更准确的城市用地识别。

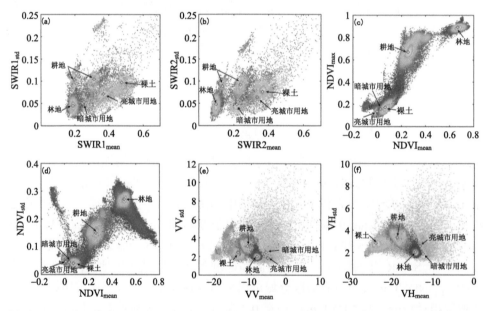

图 9-3　2019 年万象市 SWIR1$_{mean}$ 和 SWIR1$_{std}$(a)，SWIR2$_{mean}$ 和 SWIR2$_{std}$(b) NDVI$_{mean}$ 和 NDVI$_{max}$(c)，NDVI$_{mean}$ 和 NDVI$_{std}$(d)，VV$_{mean}$ 和 VV$_{std}$(e)，以及 VH$_{mean}$ 和 VH$_{std}$(f) 的二维散射图

红色十字是典型土地覆盖类型分布的中心值

9.3.2　城市用地提取和精度评估

2000 年、2010 年和 2019 年得出的城市用地如图 9-4 所示。根据每年的城市用地和非城市用地验证点计算混淆矩阵。三期城市用地数据的总体准确率超过 95%，Kappa 系数都接近 0.90。2000 年、2010 年和 2019 年的 PA 分别为 89.13%、92.93% 和 95.03%，UA 为 90.31%、92.61% 和 95.59%。

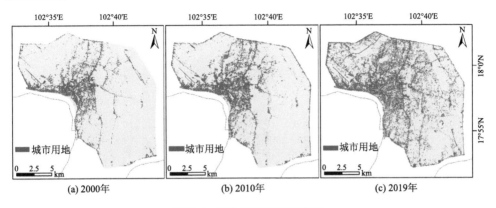

(a) 2000年 (b) 2010年 (c) 2019年

图 9-4 万象市城市用地格局

此外，利用对应时期的验证点数据对 3 种公共产品精度进行验证，并与本节 2019 年的城市土地提取结果进行比较分析。图 9-5 显示了 FROM-GLC10（2017年）、GHS-S1（2016 年）和 GAIA（2018 年）的城市用地空间分布情况。总体看，2019 年的城市用地结果与 3 种公共产品呈现出类似的空间模式。从四种数据的精度对比看（图 9-6），本节得到的城市用地具有最高的分类精度，总体精度达到 96.80%，生产者精度达到 95.03%，而 FROM-GLC10 和 GAIA 的生产者精度都在 80%左右，GHS-S1 的生产者精度只有 55.56%，这说明现有公共产品的错分误差比较大，导致城市用地面积被低估，特别是 GHS-S1 产品。

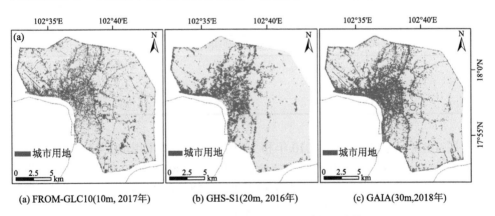

(a) FROM-GLC10(10m, 2017年) (b) GHS-S1(20m, 2016年) (c) GAIA(30m,2018年)

图 9-5 基于 3 种公共产品的万象市城市用地格局

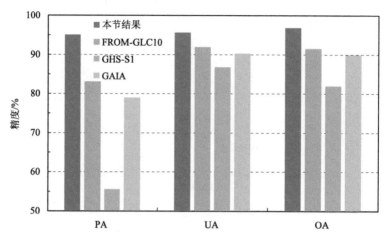

图 9-6　本节 2019 年城市用地分类结果与 3 种公共产品分类精度对比

9.3.3　万象市城市化动态

表 9-2 显示,万象市的城市面积从 2000 年的 25.93 km^2 增加到 2010 年的 37.23 km^2,再增加到 2019 年的 62.12 km^2。2010～2019 年的 ER 和 AGR 值分别为 7.43% 和 5.79%,大于 2000～2010 年的 ER 和 AGR 值,表明第二个 10 年的城市用地面积经历了更快速的增长。

表 9-2　万象市 3 个时期的城市面积及不同阶段的扩张速率

年份	城市面积/km^2	时间阶段(年份)	ER/%	AGR/%
2000	25.93	2000～2010	4.36	3.68
2010	37.23			
2019	62.12	2010～2019	7.43	5.79

图 9-7 显示了 2000 年、2010 年和 2019 年万象市城市用地的空间动态。总体来看,2000～2019 年,万象市城市持续扩张明显。2000～2019 年城市区域变得更加密集,城市区域侵占了郊区的森林和水田,特别是在 2010 年之后。此外,沿国道等主要交通廊道的城市用地斑块数量和面积也明显增加。

城市用地密度的散点图和拟合曲线见图 9-8,城市用地密度函数的估计参数见表 9-3。从空间上看,同心环内的城市用地密度从市中心向边缘地带递减,迅速下降,然后缓慢下降(图 9-8)。2000～2010 年每个同心环的城市用地密度都在增大,2010～2019 年则进一步增大。显然,2010～2019 年的城市用地密度大于

2000～2010 年的城市用地密度,这与 ER 和 AGR 的趋势一致(表 9-2)。参数 α 在第一个时期(2000～2010 年)升高,在第二个时期(2010～2019 年)下降,这意味着新的城市斑块和现有城市斑块之间的空间关系从紧凑的方式转变为分散的方式。2000～2019 年,随着参数 c 和 D 的增大,城市范围也随之增加。此外,2019 年城市用地密度从 79 km 处开始有一个明显的凸起(图 9-8 中的虚线框),表明可能存在一个城市次中心。

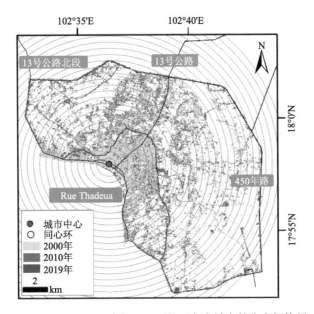

图 9-7　基于 0.5km 步长同心环的万象市城市扩张空间格局

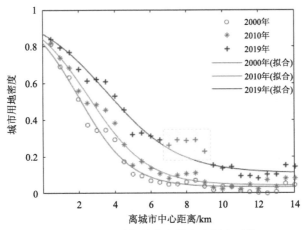

图 9-8　不同时期城市土地密度拟合函数

表 9-3　不同时期城市土地密度拟合函数参数

年份	α	c	D	SSE	R^2
2000	1.52	0.03	4.23	0.02	0.98
2010	1.62	0.04	5.20	0.03	0.98
2019	1.56	0.11	7.08	0.05	0.97

9.3.4　万象市城市扩张模式

图 9-9 展示 2000～2019 年万象市城市扩张模式的空间分布情况。总体看，万象市城市扩张以跃迁式增长和边缘式扩张为主，这是快速城市化进程的典型特征。跃迁式增长主要发生在城市化早期阶段，其特点是小范围内的分散或孤立的城市用地斑块。2000～2010 年跃迁地块主要分布在万象市的东北部，面积为 3.60 km²。2010～2019 年跃迁式城市用地面积增加到 7.15 km²，几乎增加了两倍，显著增加发生在东南地区，这是一个以前未开发的地区。

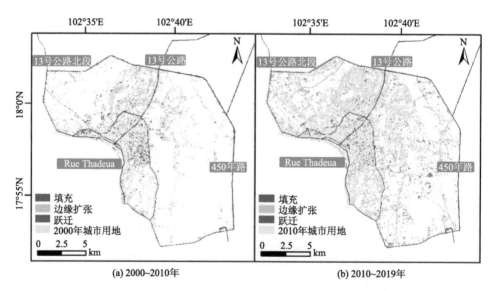

(a) 2000~2010年　　　　　　　　　　　　(b) 2010~2019年

图 9-9　不同阶段(2000～2010 年和 2010～2019 年)的万象市城市扩张模式

在跃迁式增长之后，边缘式扩张已经成为万象市城市发展的主要形式。2000～2010 年边缘式扩张增长主要出现在东北部至核心区，面积为 5.18 km²，而 2010～2019 年边缘式扩张的城市面积增加到 14.77 km²，几乎是第一阶段的 3 倍。另外，在第二阶段，整个郊区都可以看到边缘式扩张的斑块。

　　填充式扩张通常出现在城市化进程的后期阶段，通过填补现有城市斑块中的空白增加城市用地面积。2000～2010 年和 2010～2019 年这两个阶段，大多数填充斑块都发生在核心区，面积分别为 2.52 km^2 和 2.98 km^2，这表明万象市还没有形成一个紧凑的城市核心区。2010 年后，东北部的填充式斑块面积有一定程度的增加，表明沿着这个方向有一个明显的城市化进程。

　　沿路开发是万象市城市扩张的另一个特点。图 9-10 进一步阐明了新的城市片区扩张的方向。在过去的 20 年里，新的开发区域主要集中在国道沿线，包括西部（13 号公路）[图 9-10(a)]、北部（13 号公路北段）[图 9-10(b)]和南部（Rue Thadeua）[图 9-10(c)]的交通干道。沿路开发使得城市核心区和核心区外的大片城区之间的界限变得模糊不清。2016 年在万象市中心西北部开始的新道路建设[图 9-10(d)]可能会导致新的城市化热点。

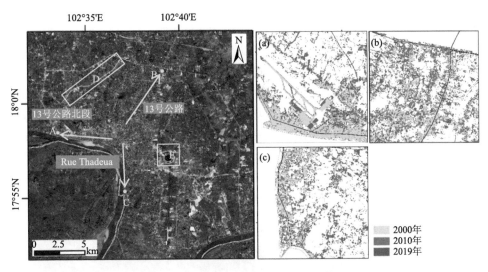

图 9-10　沿国道的万象市城市扩张格局

9.4　讨　　论

9.4.1　光学和 SAR 数据的互补性

　　与具有高密度、连续不透水面的大城市相比，东南亚地区中小城市分散的城市形态、异质性的地表景观，使得对中小城市的不透水面遥感信息提取更具挑战。本节建立了一套基于时间序列多源遥感数据的统计指标，并证明了这些指标在中小城市不透水面识别中的能力和稳健性。统计指标对影像获取时间和云量的要求比较宽松，这在很大程度上扩展了其适用性。例如，Zhang 等(2016)表明，夏季光学图像的 SWIR 波段可以更好地区分不透水面和裸露土壤。然而，在中低纬度地区，夏季云层覆盖严重，很难获得高质量的图像。利用年度时间序列统计分析，我们发现，SWIR 的年度统计特征显示出准确区分不透水面和季节性裸土的能力。此外，统计指标可以展示不同土地覆盖类型的季节变化(Huang et al., 2020; Li et al., 2018)，提高城市土地和其他覆盖之间的区分度。此结果中，亮城市土地和休耕地之间的错误分类得到了较大的改善，这是由于亮城市土地的年 NDVI 的平均值和标准偏差都比休耕地低得多。

与非城市土地相比，城市土地的一个典型的生物物理特征是它被各种人工防渗材料所覆盖。在传统的基于单景影像的光谱分类中，城市用地可能会因人工防渗材料和季节性地表变化而被误分为不同的土地覆盖类型。本节中，当集成 SAR 的影像特征时，分类特征空间从单一的光谱维扩展到光谱和结构两个维度，以进一步减少混淆。图 9-11 显示了此结果(2019 年)与其他三种公共产品在城市核心区、郊区和城市外缘区的空间对比。可以看到，4 个产品在核心区域呈现出良好的一致性，尽管 GAIA 由于粗略的空间分辨率(30 m)和混合像元效应而高估了城市土地的面积[图 9-11(a)]。然而，三种公共产品都低估了郊区的城市土地面积[图 9-11(b)]。这种在低密度城市土地区域的低精度问题已经在许多研究中被报道(Chen et al., 2015; Liu et al., 2018)。低密度的城市景观中，裸土被认为是城市土地检测中的主要干扰因素(Zhang et al., 2016)，因为其高反射特征和时序统计值都容易与城市土地混淆。可以看出，郊区的一片裸土[图 9-11(c1)和图 9-11(c2)]在 FROM-GLC10[图 9-11(c4)]和 GAIA[图 9-11(c6)]产品中都被归为城市用地，但

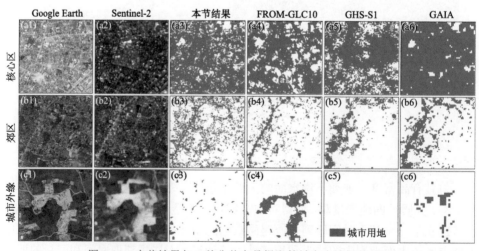

图 9-11　本节结果与 3 种公共产品提取的城市土地细节对比

2019 年的结果中，集成光学和 SAR 信息对裸土进行了正确识别[图 9-11 (c3)]。在时间和空间维度上捕捉地表反射率变化的稳健性，本节方法能够更准确地识别异质城市景观中的城市用地，并有很大潜力应用于其他中小城市的扩张分析。

9.4.2　万象市城市扩张动态

两个时期 AGR 指标的差异和城市用地密度的距离衰减模式证实万象市仍处于城市发展的初级阶段。第二个时期（2010～2019 年）的 AGR 值明显大于第一个时期（2000～2010 年），而其他大多数发达的大城市，如澳大利亚的墨尔本（Rahnama et al., 2020）或中国的上海（Zhang et al., 2020），其 AGR 值明显下降。

城市用地密度的距离衰减模式是城市发展动态的另一个指标。城市用地密度的距离衰减曲线在不同规模的城市中是不同的，这揭示了不同城市扩张和城市形态的差异。根据城市发展阶段的不同，城市用地密度的距离衰减有三种模式，即反"S"形、两阶段线性衰减和线性衰减（Xu et al., 2019a）。大多数大城市的城市用地密度的距离衰减具有明显的反"S"形，如中国的北京、上海和深圳，非洲的金沙萨、罗安达和喀土穆，以及东南亚的曼谷、马尼拉和胡志明市（Xu et al., 2019a）。研究发现万象市的距离衰减模式介于反"S"形和两阶段线性衰减之间，部分是由其相对较低的城市用地密度造成的。万象市中心附近的城市用地密度约为 80%，而其他大多数大城市则超过 90%（Xu et al., 2019a）。这意味着万象市还没有形成一个紧凑的城市核心，与反"S"形相差甚远。

根据人口、经济条件和文化因素，城市扩张可以分为向外环形扩张（Jiao, 2015）、城市内部扩张（Kuang et al., 2014）和无序扩张（Cobbinah et al., 2015; Nagendra et al., 2018）。万象市的城市化模式显示了一定程度的无序扩张，尤其是在郊区。2000～2019 年万象市的外向型增长速度很快，而且大多是无计划的，具有城市周边地区分散、无序以及低密度城市用地增长特征。Cao 等（2019）在研究 1990～2015 年的万象市城市化进程时也观察到了这一点。城郊地区蔓延主要是由于郊区的生活成本相对较低（Vongpraseuth and Choi, 2015），以及当地居民对居住在低层和独立住房的强烈偏好（Sharifi et al., 2014）。然而，像北京这样的特大城市，人们更愿意聚集在市中心，以方便生活和工作（Seto and Fragkias, 2005）。

在过去的 20 年里，城市化进程大大扩展了万象市的城市区域。道路交通在这个过程中发挥了重要作用。作为城市的"骨架"，交通网络基本上引导着城市发展（Cao et al., 2019; Mauro, 2020）。与拥有完备公共交通系统的大城市不同，中小城市通常交通网络不发达，公共交通可用性较低。因此，在早期阶段，几乎所有的城市扩张都发生在几条主干道上。在过去的 20 年里，万象市一直沿着南、北、西三条主干道呈放射状增长。其中，主干道对过去 20 年城市地区的快速扩张贡献最大。按照这种增长速度,"450 Year Road"和 13 号公路交叉口附近的城区可能成为万象的副中心(图 9-10 中的 B 点)。这种发展有可能改变传统的单一中心的城市形态。

9.4.3 城市化进程与可持续发展挑战

世界范围内的城市化进程带来了积极的影响,如经济增长和人类福利的改善。在过去的几十年里,老挝见证了从以自给自足的农业经济为主向日益商业化的农业社会的重大转变,城市迅速扩张,人口激增。然而,在万象市或东南亚其他中小城市的城市化进程中,政府在做决策时往往更重视经济发展。在缺乏严格城市规划控制的情况下,城市土地管理面临巨大挑战(Niroula and Thapa, 2005)。研究表明,不受控制的城市扩张导致了不可持续的土地开发,其形式通常是侵占周围的农村地区,将非城市土地,特别是农业用地、森林和湿地转化为城市用地。一些具有重要生态意义的地区,如沼泽或天然森林,已逐渐被侵占。例如,图 9-10 中点 E 的湿地被规划为自然保护区,但后来被稻田所取代。再后来,该地区的一部分在过去 10 年中被开发为经济特区,拥有大片住宅、娱乐和服务设施(图 9-12)。这些具有重要生态意义的自然景观被城市土地取代,不仅会造成各种物种栖息地的破坏,而且反过来降低了城市对气候和水文条件的调节能力,不可避免地给城市生态系统带来负面影响,破坏可持续发展能力(Cobbinah et al., 2015;Nagendra

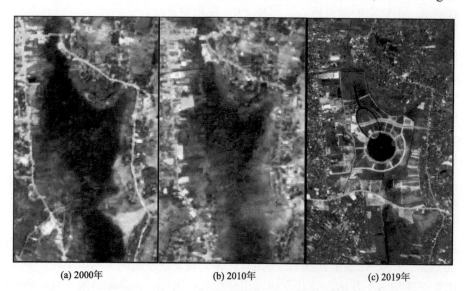

(a) 2000年　　　　(b) 2010年　　　　(c) 2019年

图 9-12　That Luang 沼泽的侵占与土地覆盖变化

et al., 2018）。如何协调生态保护与社会经济发展是东南亚中小城市城市化进程中的一个挑战。对于正在经历快速城市化进程的老挝万象市来说，吸收世界其他城市的经验和教训尤为迫切。

9.5　本 章 小 结

本章提出了一种协同时间序列光学和 SAR 统计指标的城市不透水面信息提取方法，以支持中小城市扩张分析。光学和 SAR 时间序列统计指标的互补性在改善中小城市不透水面信息提取和城市扩张监测中显示出巨大的潜力。通过利用该方法得到的高精度城市土地数据集，对万象市的快速城市化进程进行了分析。研究表明，万象市城市土地密度的距离衰减模式介于反"S"形和两阶段线性衰减之间。2000～2019 年万象市的城市扩张以跃迁式增长和边缘式扩张为主。沿路开发是万象市城市扩张的另一个特点。快速的城市扩张对城市环境和可持续发展构成了威胁。在万象市和东南亚其他中小城市的城市化进程中，协调生态保护和城市发展仍面临挑战。

第 10 章

融合 Sentinel-1 时序统计特征与 Sentinel-2 光谱特征的橡胶林信息提取

遥感在人工林空间分布制图和时间动态监测方面发挥着重要作用。研究表明，利用机载高光谱数据(Féret and Asner, 2012)或激光雷达(LiDAR)数据(Shi et al., 2018)能获得高精度的树种分布信息。然而，由于高光谱和激光雷达数据的获取成本高昂，在较大空间尺度上的人工林监测方面，光学卫星遥感数据应用更为广泛，而卫星雷达数据在云层频繁覆盖的热带和北方森林等地区的监测制图中显示了优势。近年来，已有研究尝试将光学遥感(如 MODIS 和 Landsat)和合成孔径雷达数据(如 PALSAR)结合起来进行人工林制图(Dong et al., 2013; Gutiérrez-Vélez and DeFries, 2013)。然而，对于大多数地区来说，早期 C 波段和 L 波段雷达卫星的观测密度很低，每年只有少量的图像可用。此外，这两类不同的卫星传感器在空间分辨率以及影像获取时相等方面仍有较大差异，一定程度上限制了两者的协同应用效果。

橡胶属于热带雨林乔木，种植地域基本分布于南北纬 15°以内，主要集中在东南亚地区，约占世界天然橡胶种植面积的 90%。准确获取橡胶林的空间分布格局，对于森林碳储存估算、生物多样性保护以及可持续的森林管理规划等具有重要意义(George et al., 2014)。本章结合 Sentinel-1 雷达后向散射系数时序统计特征与 Sentinel-2 光谱、纹理特征，开展 Sentinel-1 和 Sentinel-2 协同的橡胶林精细识别研究，评价不同数据源和不同特征在橡胶林提取中的作用，获取最优分类策略，为东南亚地区橡胶林精细识别提供技术途径。

10.1 研究区与数据处理

泰国是世界上著名的三大产胶国之一。传统上，泰国东北部是重要的农业耕作区，橡胶种植园较少(Li and Fox, 2012)。自 2003 年以来，由于政府对橡胶种植采取了积极的政策，泰国传统的橡胶种植区（泰国南部）出现了急剧的橡胶林种植扩张趋势。橡胶种植区逐渐扩展到泰国东北部，许多农田和天然林被侵占以满足橡胶种植对大片土地的需求（Fox and Castella, 2013）。研究区选择位于泰国东北部的黎府（Loei），黎府东临廊开府（Nong Khai）和乌隆府（Udon Thani）及农磨兰普（Nong Bua Lamphu），南接孔敬府（Khon kaen）和碧差汶府（Phetchabun），西与彭世洛府（Phitsanulok）接壤，北部以湄公河和令河为界与老挝接壤。该区域近年来森林砍伐强烈，研究区位置见图 10-1。研究区地形多为山地，属于热带季风气候，干湿季节明显，强降雨集中在 5～10 月的雨季。研究区较泰国其他地区相对干燥，旱季降水量较少。4 月左右，温度可高达 40℃以上；而 12 月，夜间气温通常降到 0℃以下。

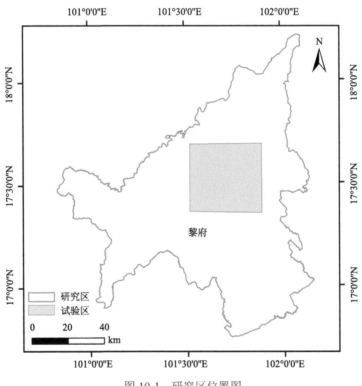

图 10-1　研究区位置图

本节用到的遥感数据包括 Sentinel-2 光学数据和 Sentinel-1 SAR 数据，从 https://scihub.copernicus.eu/网站免费下载。Sentinel-2 影像获取时间为 2018 年 2 月 16 日，轨道号为 T47QQV，主要用于光谱和纹理特征提取。2018 年覆盖研究区的 Sentinel-1 影像共 170 景，主要用于时序统计特征提取。Sentinel-1 SAR 和

Sentinel-2 数据处理见前述各章。

于 2018 年 9 月 7～16 日对泰国东北部不同生长阶段的典型橡胶人工林进行了考察和数据采集(图 10-2)。

图 10-2　实地考察照片

10.2　研究方法

为充分利用 Sentinel-1 和 Sentinel-2 的多源遥感信息，本节获取了 Sentinel-2 光学影像的 10 个光谱波段和 33 个植被指数，利用随机森林算法计算不同光谱特征的重要性，以特征的最优组合作为随机分类的输入光谱变量；之后利用优选的 Sentinel-2 光谱特征、纹理特征与 Sentinel-1 的后向散射均值特征进行不同的特征组合，区分橡胶林与天然林，并与仅基于 Sentinel-2 光谱特征的分类结果进行对比，评价不同数据源及不同特征对橡胶林提取的贡献，方法流程如图 10-3 所示。

10.2.1　Sentinel-2 光谱指数计算及优选

为充分利用 Sentinel-2 的高光谱分辨率，本节计算了包括 15 个红边指数在内的 33 个光谱指数，计算公式见表 10-1，加之 Sentinel-2 的 10 个原始波段，共 43 个光谱指数。

由于 Sentinel-2 包含丰富的原始光谱波段以及衍生出众多的光谱指数特征，全部特征参与分类可能导致信息冗余，降低分类精度。本节在随机森林模型中，利用平均不纯度减少(Breiman, 2001)方法对光谱波段及光谱指数特征进行重要性评估，并确定最优光谱特征组合。

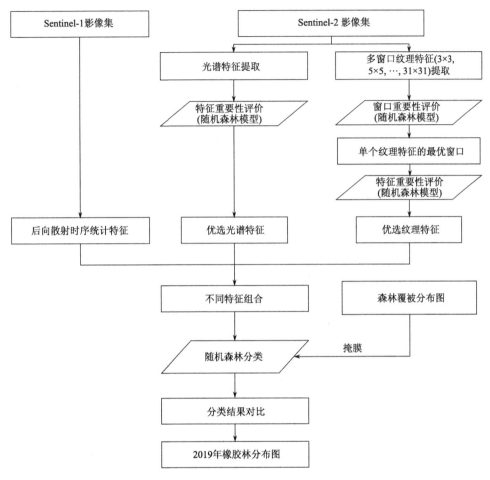

图 10-3　融合光学与 SAR 数据多特征的橡胶林信息提取流程图

表 10-1　基于 Sentinel-2 的光谱指数

	光谱指数	公式	参考文献
红边指数	Chlorophyll Green Index	$\text{Chlogreen} = \dfrac{\text{NIR2}}{\text{Green} + \text{Rededge1}}$	(Bolyn et al., 2018)
	Leaf Anthocyanid Content	$\text{LanthoC} = \dfrac{\text{Rededge3}}{\text{Green} - \text{Rededge1}}$	(Wulf and Stuhler, 2015)
	Leaf Carotenoid Content	$\text{LcaroC} = \dfrac{\text{Rededge3}}{\text{Blue} - \text{Rededge1}}$	(Wulf and Stuhler, 2015)
	Leaf Chlorophyll Content	$\text{LchloC} = \dfrac{\text{Rededge3}}{\text{Rededge1}}$	(Wulf and Stuhler, 2015)

续表

光谱指数	公式	参考文献
Normalized Difference of Red-edge and SWIR2	$NDrededgeSWIR = \dfrac{Rededge2 - SWIR2}{Rededge2 + SWIR2}$	(Radoux et al., 2016)
Red-edge Normalized Difference Vegetation Index 1	$NDVIre1 = \dfrac{NIR2 - Rededge1}{NIR2 + Rededge1}$	(Gitelson and Merzlyak, 1994)
Red-edge Normalized Difference Vegetation Index 2	$NDVIre2 = \dfrac{NIR2 - Rededge2}{NIR2 + Rededge2}$	(Fernández-Manso et al., 2016)
Red-edge Normalized Difference Vegetation Index 3	$NDVIre3 = \dfrac{NIR2 - Rededge3}{NIR2 + Rededge3}$	(Fernández-Manso et al., 2016)
Red-edge Peak Area	$RededgePeakArea = Red + Rededge1 + Rededge2 + Rededge3 + NIR2$	(Radoux et al., 2016)
Simple Blue and Red-edge 1 Ratio	$SR - BlueRededge1 = \dfrac{Blue}{Rededge1}$	(Maire et al., 2004)
Simple Blue and Red-edge 2 Ratio	$SR - BlueRededge2 = \dfrac{Blue}{Rededge2}$	(Lichtenthaler, 1996)
Simple Blue and Red-edge 3 Ratio	$SR - BlueRededge3 = \dfrac{Blue}{Rededge3}$	(Immitzer et al., 2016)
Normalized Difference Red-edge 1	$NDre1 = \dfrac{Rededge2 - Rededge1}{Rededge2 + Rededge1}$	(Gitelson and Merzlyak, 1994)
Normalized Difference Red-edge 2	$NDre2 = \dfrac{Rededge3 - Rededge1}{Rededge3 + Rededge1}$	(Gitelson and Merzlyak, 1994)
Chlorophyll Index Red-edge	$CIre = \dfrac{Rededge3}{Rededge1} - 1$	(Gitelson et al., 2003)
Normalized Difference Vegetation Index	$NDVI = \dfrac{NIR2 - Red}{NIR2 + Red}$	(Broge and Mortensen, 2002)
Difference Vegetation Index	$DVI = NIR2 - Red$	(Broge and Mortensen, 2002)
Enhanced Vegetation Index	$EVI = 2.5 \times \dfrac{NIR2 - Red}{NIR2 + 6Red + 7.5Blue + 1}$	(Liu and Huete, 1995)
Built-up Area Index	$BAI = \dfrac{Blue - NIR2}{Blue + NIR2}$	(Bolyn et al., 2018)
Greenness Index	$GI = \dfrac{Green}{Red}$	(Bolyn et al., 2018)
Moisture Stress Index	$MSI = \dfrac{SWIR1}{NIR2}$	(Bolyn et al., 2018)
Normalized Difference Tillage Index	$NDTI = \dfrac{SWIR1 - SWIR2}{SWIR1 + SWIR2}$	(Van Deventer et al., 1997)
Normalized Green	$Norm - G = \dfrac{Green}{NDR1 + Red + Green}$	(Sripada et al., 2006)

红边指数 — applies to the first group (Normalized Difference of Red-edge and SWIR2 through Chlorophyll Index Red-edge)

参考光谱指数 — applies to the second group (Normalized Difference Vegetation Index through Normalized Green)

续表

	光谱指数	公式	参考文献
参考光谱指数	Normalized Near Infra-red	$Norm-NIR = \dfrac{NIR1}{NDR1+Red+Green}$	(Sripada et al., 2006)
	Normalized Red	$Norm-R = \dfrac{Red}{NDR1+Red+Green}$	(Sripada et al., 2006)
	Normalized Difference Water Index 1	$NDWI1 = \dfrac{NIR2-SWIR1}{NIR2+SWIR1}$	(Gao, 1996)
	Normalized Difference Water Index 2	$NDWI2 = \dfrac{Green-NIR2}{Green+NIR2}$	(Gitelson and Merzlyak, 1994)
	Normalized Humidity Index	$NHI = \dfrac{SWIR1-Green}{SWIR1+Green}$	(Bolyn et al., 2018)
	Soil Adjusted Vegetation Index	$SAVI = \dfrac{NIR2-Red}{NIR2+Red+0.5} \times 1.5$	(Bolyn et al., 2018)
	Bands Difference	$RedSWIR1 = Red-SWIR1$	(Bolyn et al., 2018)
	Ratio Vegetation Index	$RVI = \dfrac{NIR2}{Red}$	(Broge and Mortensen, 2002)
	Water Body Index	$WBI = \dfrac{Blue-Red}{Blue+Red}$	(Bolyn et al., 2018)
	Soil Tillage Index	$STI = \dfrac{SWIR1}{SWIR2}$	(Van Deventer et al., 1997)

10.2.2　Sentinel-2 纹理特征计算及优选

橡胶人工林具有固定的行间距，会在遥感图像中形成与天然林不同的纹理。由于纹理计算窗口定义了用于纹理特征统计计算的区域，所以纹理特征的量化对窗口大小很敏感 (Marceau et al., 1990)。虽然大多数纹理特征都有助于提高分类精度，但将所有特征都加入到分类过程中会导致信息的冗余，影响分类精度。根据 Trisasongko (2017) 的研究，仅添加鲁棒的纹理特征相比于添加所有纹理特征分类的准确率更高。

利用 GLCM (Haralick, 1979) 提取 Sentinel-2 影像的纹理特征。利用灰度共生矩阵进行纹理信息的提取涉及 3 个重要参数：窗口大小、步长和移动方向。本节设定步长 d 为 1 个像元，移动方向取 0°、45°、90° 和 135° 四个方向的平均值，利用 ENVI 5.3 软件在不同窗口提取遥感影像的 8 个纹理特征，窗口大小设为 3×3、5×5、7×7、9×9、…、31×31。8 个纹理特征包括均值 (Mean)、方差 (Variance)、均匀性 (Homogeneity)、对比度 (Contrast)、相异性 (Similarity)、熵 (Entropy)、角二阶距 (Second Moment) 和相关性 (Correlation)。

由于多光谱波段包含大量的空间信息，同时各波段之间具有一定的相关性，造成不同程度的信息重叠（Chatziantoniou et al., 2017）。因此，在纹理特征提取前，首先对融合后的多光谱数据进行主成分分析（PCA）。主成分变换后，Sentinel-2 的第一主分量的方差贡献量为 69.53%。因此，本节使用影像的第一主分量来提取纹理特征。

为评估纹理计算窗口和不同纹理特征对区分橡胶林和天然林的影响，利用随机森林中平均不纯度减少的方法，对 Sentinel-2 的 15 个不同窗口的单个纹理特征进行重要性分析，为纹理特征定义最优窗口。之后，对基于各自最优窗口大小计算的 8 个纹理特征，再采用平均不纯度减少的方法选择重要性较高的纹理特征作为随机森林分类的输入纹理特征。

10.2.3　特征组合及随机森林分类

为评估 Sentinel-2 的光谱特征、纹理特征和 Sentinel-1 的后向散射统计特征在橡胶林识别中的能力和贡献，本章考虑了以下 4 种组合特征（表 10-2）作为随机森林分类器的输入特征。

表 10-2　分类特征组合

序号	组合特征	描述
1	S	Sentinel-2 光谱特征
2	S+T	Sentinel-2 光谱特征+Sentinel-2 纹理特征
3	S+SAR	Sentinel-2 光谱特征+Sentinel-1 后向散射特征
4	S+T+SAR	Sentinel-2 光谱特征+Sentinel-2 纹理特征+Sentinel-1 后向散射特征

10.3　结果与分析

10.3.1　Sentinel-2 光谱波段及光谱指数对橡胶林提取的贡献

Sentinel-2 影像的 15 个红边指数、18 个光谱指数和 10 个原始波段的特征重要性评估结果见图 10-4。可以看出，由 Green 波段和 NIR2 波段计算得到的 NDWI2 的重要性最高，为 6.69%；其次为由 Blue 和 NIR2 波段计算得到的 BAI 指数，重要性为 5.54%；此外，绿波段 B3（Green）、近红外波段 B8A（NIR2）、短波红外波段 B11（SWIR1）和红波段 B4（Red）也具有较高的重要性，分别为 5.39%、4.32%、3.64% 和 3.05%。红边波段 B5（Rededge1）、红边指数 NDVIre1、NDVIre2 和 LAnthoC

在分类中也具有较高的贡献，重要性分别为 2.89%、4.88%、3.61%和 3.56%，说明红边波段对于橡胶林提取具有较高的价值。

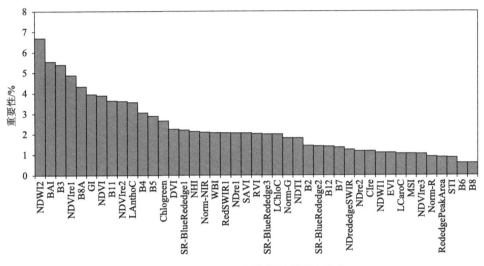

图 10-4　Sentinel-2 光谱特征重要性排序

对 43 个光谱特征组合模型的 OOB 精度分析如图 10-5 所示，可以看出，特征个数从 1 增加到 13，OOB 精度逐渐增大，在特征个数为 13 时达到最高值 0.9795，此后又有轻微降低的趋势，因此本节选择重要性排名前 13 的特征作为 Sentinel-2 提取橡胶林的光谱特征。

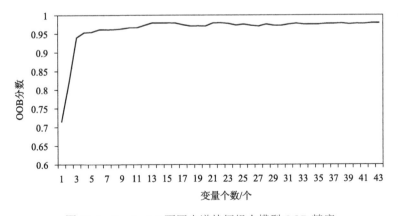

图 10-5　Sentinel-2 不同光谱特征组合模型 OOB 精度

10.3.2 Sentinel-2 纹理特征重要性评估

分别统计 8 个纹理特征在区分橡胶林和天然林时的重要性随窗口大小的变化规律(图 10-6)。Sentinel-2 的 8 种纹理特征的重要性随窗口增大都呈现先增大后减小，而后又轻微增大的趋势，主要在 11×11、13×13 和 15×15 处达到最大值。其中，VAR 和 COR 的重要性在峰值前后的升降趋势最为明显。

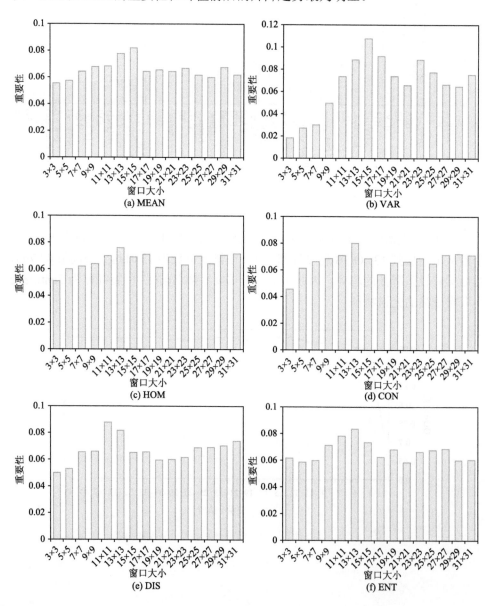

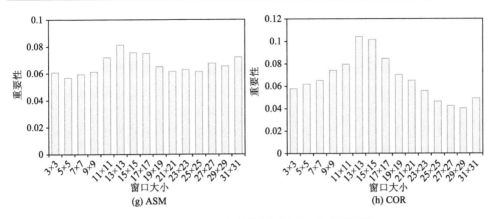

图 10-6　Sentinel-2 纹理特征不同窗口纹理重要性

　　选择重要性峰值所在的窗口作为该纹理特征的最优窗口，MEAN、VAR 选择窗口为 15×15，HOM、CON、ENT、ASM 和 COR 选择窗口为 13×13，DIS 选择窗口为 11×11。

　　在确定每个纹理特征的最佳提取窗口后，利用随机森林算法重新计算基于最优窗口大小的 8 个纹理特征的重要性，结果如图 10-7 所示。Sentinel-2 的纹理特征中，重要性相对较高的纹理特征为 HOM、ENT、COR 和 ASM，重要性分别为 20.22%、19.52%、17.84%和 13.78%。重要性排前四位的特征的累积贡献率达 71.36%，故选择 HOM、ENT、ASM 和 COR 作为纹理特征加入到橡胶林的提取中。

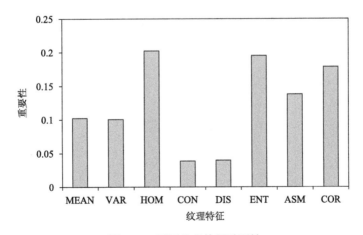

图 10-7　不同纹理特征重要性

10.3.3　不同特征组合橡胶林提取结果比较

不同特征组合橡胶林提取结果如图 10-8 所示，利用混淆矩阵进行精度验证，验证结果如表 10-3～表 10-6 所示。对比 4 组特征的分类精度可知，仅基于光谱特征 S，橡胶林的识别精度较低，与天然林有较大的混淆，用户精度为 77.87%，生产者精度仅为 70.90%。天然林的分类精度也较低，生产者精度为 73.00%，用户精度仅为 65.18%。分类总体精度为 0.72，Kappa 系数仅为 0.43。

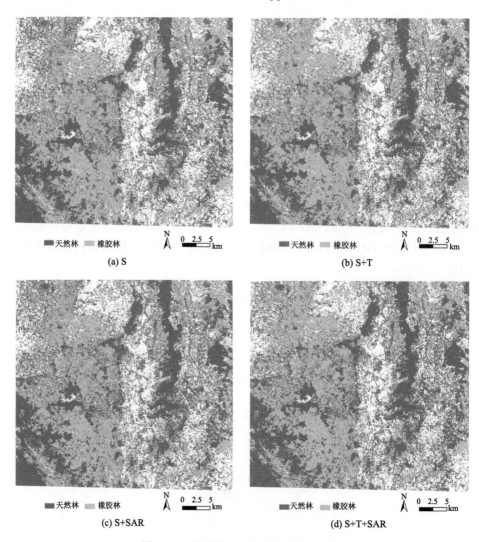

图 10-8　不同特征组合橡胶林提取结果

在加入纹理特征的组合 S+T 的分类结果中,橡胶林的提取精度有所提高,生产者精度达 81.34%,相比于光谱特征 S 提高了 10.44%,用户精度为 80.15%。天然林的用户精度提高到 74.49%。分类总体精度提高到 0.78,Kappa 系数提高到 0.54。

在加入后向散射特征的组合 S+SAR 的分类结果中,橡胶林相对于光谱特征 S 的分类精度有所提升,生产者精度和用户精度分别提高了 8.20% 和 2.43%。天然林的识别精度也有所提升,生产者精度为 74.00%,用户精度提高到 72.55%,分类总体精度提高到 0.77,Kappa 系数提高到 0.53。

在结合 Sentinel-2 的光谱特征、纹理特征和 Sentinel-1 的后向散射均值特征的 S+T+SAR 分类结果中,总体精度和 Kappa 系数达到最高值,分别为 0.85 和 0.68。橡胶林和天然林的生产者精度和用户精度均达到 4 种特征组合中的最高值。橡胶林的生产者精度和用户精度分别为 88.06% 和 85.51%,相比于特征 S 分别提高了 17.16% 和 7.64%;天然林的生产者精度和用户精度分别为 80.00% 和 83.33%,相比于特征 S 分别提高了 7.00% 和 18.15%。

综上可知,4 种特征组合的分类结果中,S+T+SAR 的总体精度和 Kappa 系数最高,其次为 S+T 和 S+SAR,S 最低。橡胶林和天然林在 S+T+SAR 组合中取得了最好的分类结果。

表 10-3   基于 S 的橡胶林/天然林分类结果精度验证

项目	天然林	橡胶林	总计	生产者精度/%
天然林	73	27	100	73.00
橡胶林	39	95	134	70.90
总计	112	122	234	
用户精度/%	65.18	77.87		

注:分类总体精度为 0.72,Kappa 系数为 0.43。

表 10-4   基于 S+T 的橡胶林/天然林分类结果精度验证

项目	天然林	橡胶林	总计	生产者精度/%
天然林	73	27	100	73.00
橡胶林	25	109	134	81.34
总计	98	136	234	
用户精度/%	74.49	80.15		

注:分类总体精度为 0.78,Kappa 系数为 0.54。

表 10-5　基于 S+SAR 的橡胶林/天然林分类结果精度验证

项目	天然林	橡胶林	总计	生产者精度/%
天然林	74	26	100	74.00
橡胶林	28	106	134	79.10
总计	102	132	234	
用户精度/%	72.55	80.30		

注：分类总体精度为 0.77，Kappa 系数为 0.53。

表 10-6　基于 S+T+SAR 的橡胶林/天然林分类结果精度验证

项目	天然林	橡胶林	总计	生产者精度/%
天然林	80	20	100	80.00
橡胶林	16	118	134	88.06
总计	96	138	234	
用户精度/%	83.33	85.51		

注：分类总体精度为 0.85，Kappa 系数为 0.68。

10.3.4　橡胶林空间分布格局

试验区的橡胶林在 S+T+SAR 组合中取得了最高的提取精度，本节进一步用该特征组合提取了 2019 年黎府的橡胶林，其空间分布如图 10-9 所示。

根据橡胶林分布空间统计结果，2019 年黎府橡胶林种植面积约为 $1.28×10^5$ hm²。分区统计各个区县内橡胶林的种植面积（图 10-10）可知，黎府的橡胶林主要分布在黎勐县、巴宗县、清刊县、旺沙蓬县和那銮县 5 个县，累计橡胶种植面积占总种植面积的 78.00%。其中，黎勐县的橡胶林种植面积最大，为 37146 hm²，占研究区橡胶林总面积的 29.02%；其次为巴宗县和清刊县，橡胶林种植面积分别为 20364hm² 和 17126 hm²，分别占橡胶林总面积的 15.91% 和 13.38%。旺沙蓬县的橡胶林种植面积也相对较大，为 12894 hm²，占橡胶林总面积的 10.07%。那銮县的橡胶林种植面积为 12560 hm²，占橡胶林总面积的 9.81%。除此 5 县外，其他 11 个县的橡胶种植面积都较小，面积比例均不超过 5%。

为分析橡胶种植在海拔上的分布特征，将 2019 年橡胶林的空间分布信息与数字高程模型（DEM）数据叠加，获取橡胶林在不同海拔范围内的分布情况。根据叠加结果（图 10-11）可知，橡胶林分布的最低海拔为 172 m，最高海拔达 1655 m。根据统计结果（图 10-12）可知，2019 年研究区橡胶林大部分分布于海拔 200～400 m 的丘陵地，占研究区橡胶林总面积的 78.47%，在 <200 m 和 >400 m 海拔处，橡胶林种植较少。

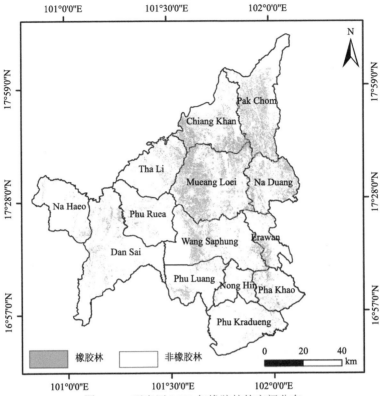

图 10-9　研究区 2019 年橡胶林的空间分布

黎勐 Mueang Loei、那銮县 Na Duang、清刊县 Chiang Khan、巴宗县 Pak Chom、丹赛县 Dan Sai、纳豪县 Na Haeo、
普勒县 Phu Ruea、塔利县 Tha Li、旺沙蓬县 Wang Saphung、普加东县 Phu Kradueng、普銮县 Phu Luang、帕告县
Pha Khao、埃拉万县 Erawan、农信县 Nong Hin，下同

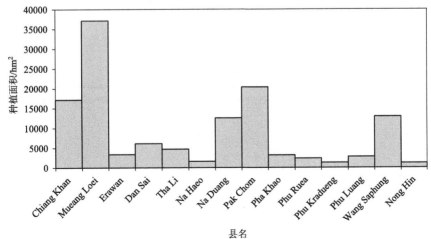

图 10-10　研究区 2019 年橡胶林面积分县统计

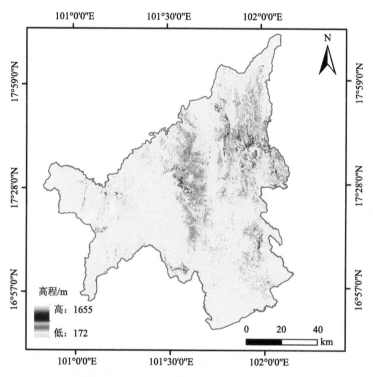

图 10-11   2019 年橡胶林在海拔上的分布

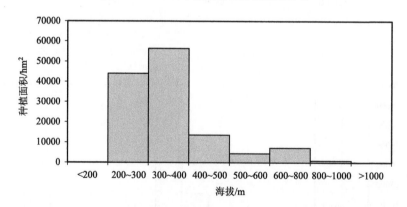

图 10-12   2019 年橡胶林在不同海拔范围内种植面积的统计

10.4 讨   论

本节表明，由于橡胶林和天然林光谱特征的相似性，仅利用光谱特征难以对橡胶林进行高精度提取。Dian 等 (2015)的研究表明，结合光谱特性和纹理特征可以有效解决光谱混淆造成的分类误差，提高树种分类精度。本节在光谱特征的基础上加入纹理特征后，橡胶林的识别精度有所提高。橡胶林具有固定株行距，树冠形状和大小较为均一，在遥感影像上会形成特有的纹理，而天然林在树冠大小、树高及密度等方面有更大的变异性。此外，纹理特征的加入可以有效减少椒盐现象，提高斑块的完整性和分类精度。例如，仅基于光谱特征的分类结果中，缓坡上的橡胶林由于海拔、坡向、坡度等因素的影响，呈现不同的光谱特征，易被错分成天然林。而加入纹理特征后，可以有效减少山体效应带来的光谱差异，减少橡胶林的误分，分类斑块也更为完整。

在影像纹理的计算中，窗口大小具有关键作用(Marceau et al., 1990)。在之前的研究中，所有的纹理特征都是基于同一窗口大小计算的(Clerici et al., 2017; Sothe et al., 2017)。然而，单个窗口大小不能充分描述不同地物的多尺度特征(Chen et al., 2004)，也不能充分刻画影像的所有纹理特征，因而具有一定的局限性。如果窗口太小，特定土地覆盖类型的空间特征就不能得到充分的利用，窗口过大又可能导致两个类别边界处的混合像素被误分，甚至一些类别的纯像元也可能由于边缘效应而被误分为另一个类别(Coburn and Roberts, 2004; Csillag and Kabos, 1996)。因此，纹理窗口的选择是计算纹理特征时非常重要的步骤。Zhou 等 (2018)利用 3×3～75×75 的 37 个窗口大小检测 Sentinel-1 影像在城市土地覆盖分类中的最佳纹理窗口。结果表明，对于每个纹理特征(MEAN、VAR、ENT、DIS、HOM、COR、CON 和 ASM)，获得最佳分类结果的窗口大小分别为 5×5、23×23、25×25、13×13、19×19、49×49、51×51 和 9×9。本节定义了基于 Sentinel-2 影像计算每个纹理特征的最佳窗口大小，发现用于区分橡胶林和天然林的合适的纹理窗口为 11×11～15×15，橡胶林和天然林的纹理特征可以在这些窗口之间达到最大的差异。

加入 SAR 特征(S+SAR)后，橡胶林的分类精度也有不同程度的提高，说明 SAR 数据时序统计特征可以用来有效地辅助区分橡胶林和天然林。Torbick 等 (2016)在提取缅甸和加里曼丹岛的橡胶和油棕时，发现 Senitnel-1 的后向散射特征对橡胶和油棕的提取具有重要作用。雷达卫星根据地物的后向散射特性获得不同于光学遥感的影像，并且雷达卫星具有一定的穿透力，可以获取植被表面信息及地表粗糙度等额外信息，尤其是，合成孔径雷达对森林结构信息(生物量、密度、垂直分层)的敏感性使得 SAR 数据在树种识别中具有独特的优势(Torbick et al., 2016)，可提高橡胶林与天然林的区分度。本节表明，利用单一传感器或特征进行橡胶林提取时仍有很大的局限，尤其是在生态系统复杂、植被覆盖度高的东南亚地区，而多数据源、多特征结合，充分利用多模态感知信息，是提高人工林精细

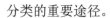

分类的重要途径。

10.5 本 章 小 结

本章基于 Sentinel-2 光学影像丰富的光谱波段和纹理特征，结合 Sentinel-1 SAR 数据时序统计特征，开展泰国东北部橡胶林的精细识别研究，评价了不同数据源及不同特征对区分橡胶林和天然林的贡献。研究表明，在 Sentinel-2 的 43 个光谱特征中，选择重要性排名前 13 的特征参与分类时，OOB 精度达到最高值 0.9795；Sentinel-2 的可见光波段、短波红外、红边和近红外波段在橡胶林与天然林区分中重要性较高。Sentinel-2 的纹理特征中，MEAN、VAR 的最佳提取窗口为 15×15，HOM、CON、ENT、ASM 和 COR 为 13×13，DIS 为 11×11。HOM、ENT、ASM 和 COR 在 Sentinel-2 分类中起重要作用，橡胶林和天然林在这些纹理特征上的可分离性更大。仅利用 Sentinel-2 的光谱特征对橡胶林和天然林的区分度有限，橡胶林生产者精度和用户精度仅为 70.90%和 77.87%。在加入纹理特征的组合 S+T 的提取结果中，橡胶林生产者精度和用户精度分别提高了 10.44% 和 2.28%；在组合 S+SAR 的分类结果中，橡胶林的生产者精度和用户精度相对于仅利用光谱特征 S 的分类结果精度分别提高了 8.20%和 2.43%；在 S+T+SAR 组合中，橡胶林的分类精度最高，生产者精度和用户精度相比于仅利用光谱特征 S 分别提高了 17.16%和 7.64%，分类总体精度和 Kappa 系数达到最高，分别为 0.85 和 0.68。

第 11 章

基于深度学习的时间序列遥感作物分类

    传统的遥感分类方法是为分类特征向量设计的，需要领域知识和专业知识的特征工程方法提取分类特征。深度学习是一种表征学习方法，在特征表示方面具有灵活性，通过无专家的端到端学习从原始图像中自动学习多层次的内部特征表征，不需要预先定义特征提取算法，在图像分类和物体检测中效率非常高。近年来，深度学习也越来越多地应用于时间序列遥感数据分类研究中（Qu et al., 2020; Sun et al., 2019; Wang et al., 2021）。循环神经网络（recurrent neural network，RNN）是一种能够解决前向序列学习问题的网络，通过使用带自反馈的神经元，能够挖掘时间序列中的上下文信息，对于结构化序列数据建模分析有着天然的优势（杨丽等，2018）。目前已有一些研究利用循环神经网络模型开展遥感作物分类研究，如Luo 等（2020）将三维卷积神经网络和长短期记忆（long short-term memory，LSTM）网络模型进行横向拼接，构建模型对农作物进行分类提取。Kussul 等（2020）使用多层 LSTM 模型对光学数据和雷达数据进行融合并对作物进行提取。Zhou 等（2019）使用 LSTM 模型对多时相 SAR 数据进行作物分类，也取得了较好的效果。然而，现有的研究大多是针对单期或少数几期遥感影像的深度学习分类，难以充分利用丰富的时间序列特征信息。作为对 RNN 的一种改进，双向长短期记忆（bi-directional LSTM，Bi-LSTM）网络模型能够同时考虑前向和后向的时间状态信息，反向推断作为时序推断的补充，在学习过程中避免时序因果关系的限制（Schuster and Paliwal, 1997）。考虑到作物从播种到收获，其生长阶段的信息在前向和后向两个方向上都是瞬时相关的（Kwak et al., 2020），如何充分挖掘不同作物在整个生育过程中的时间依赖性以提高作物识别效果尚待进一步探索（Sun et al., 2019）。本章探究了基于双向长短期记忆网络模型的深度学习技术在作物分类与早期识别中的应用潜力。

11.1 数据与处理

11.1.1 实验区介绍

黄河三角洲位于山东省东营市黄河入海口，是黄河挟带巨量泥沙经多年沉积形成的。区域气候类型属于暖温带半湿润大陆性季风气候，冬季干燥寒冷，夏季炎热多雨。该区域是华北平原典型的旱地农业种植区，其种植结构主要为一年两季的冬小麦-夏玉米和冬小麦-夏大豆。华北平原地区常见的春玉米、棉花等一年一季旱地作物也较为常见。近年来，在灌溉水源能够保证的地方，水稻也得到大面积的种植。因此，黄河三角洲多样的种植结构在华北平原农业中极具代表性。本节以山东省东营市黄河南岸的三角洲平原为研究区，研究区主要包括垦利区和东营区两个县级行政区，如图 11-1 所示。

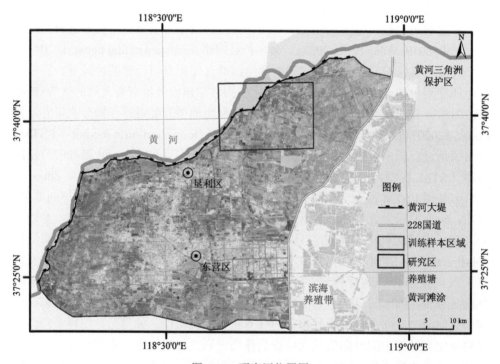

图 11-1　研究区位置图

11.1.2　数据获取与处理

1. 实验数据获取

Sentinel-2 卫星凭借其较高的时空分辨率和较好的数据质量成为研究作物分类的理想数据源(Ren et al., 2020; You and Dong, 2020)。本书通过 GEE 平台获取了 2020 年 1 月 1 日至 2020 年 12 月 31 日一个完整自然年份的全部 Sentinel-2 遥感影像,以云量90%为阈值进行筛选,共获取可用影像 110 景,如表 11-1 所示。该数据为 L2A 标准产品,已经过几何校正和大气校正,投影为 UTM/WGS84,数据是地表反射率产品。

表 11-1　Sentinel-2 数据分布时间

月份	1 月	2 月	3 月	4 月	5 月	6 月	7 月	8 月	9 月	10 月	11 月	12 月
数量/景	10	6	8	9	6	11	9	9	10	9	11	12

样本数据是 2020 年 5 月和 8 月用手持 GPS 在研究区野外实地调查的数据,共 382 个采样点[图 11-2(b)],其中,人工林样点 68 个,水稻样点 58 个,棉花样点 40 个,春玉米样点 53 个,荒地样点 69 个,冬小麦-夏大豆样点 28 个,冬小麦-夏玉米样点 66 个。该数据用来计算模型在研究区的泛化精度。

考虑到深度学习需要大量样本,在野外调查基础上,还收集了训练区域 2020 年不同月份的 Google 高清影像进行目视解译,以构建支撑模型的样本集合(图 11-1 中的训练样本区域)。本节获取到不同种类地块共 1388 个用于模型训练和验证,每个地块中的所有像素均被当成该种作物和种植类型的有效样本,如图 11-2(a)所示。之后将样本矢量数据转化为栅格数据,从中选取云量覆盖率较低的集合,对每一类单独遍历,从中随机选取 12000 个点,七大类共 84000 个点用于模型训练,构成训练集;同时对每类另随机选取 2000 个点,共 14000 个点,构成验证集,用于训练区的精度验证。

此外,为了测试模型的泛化能力,除研究区外,在东营市北部河口区选择水稻典型种植区,在东营市南部广饶县选择春玉米典型种植区,在河北省衡水市冀州区选择冬小麦-夏玉米典型种植区,作为对模型泛化能力的测试区。测试区域[图 11-2(c)]及样本点如图 11-2(d)~图 11-2(f)所示,样本点采集时间也为 2020 年。

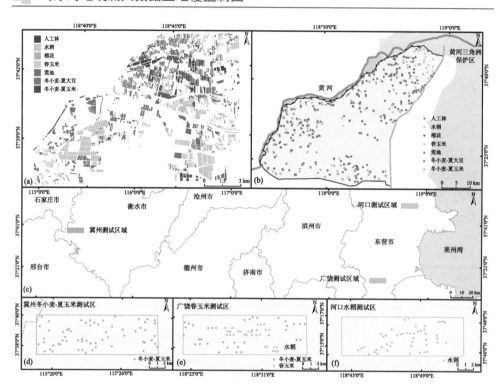

图 11-2　训练集与测试集样本分布

2. 时序数据预处理

时序数据预处理包括遥感影像无效值剔除与归一化植被指数时序曲线的构建。时序遥感影像中经常会存在不同程度的云覆盖，本节首先利用 s2cloudless 算法对遥感影像中的云层等无效数据进行剔除。该算法可以针对每个像素产生一个云概率，通过设定阈值来控制选择像素的数量和质量。经过多次试验，将阈值控制为 30%，以最大限度减小无效像素的影响，同时尽可能多地保留有效的像素，这有利于构建完整的时序数据集合。

本节基于全年 Sentinel-2 影像构建 NDVI 年时间序列，利用深度学习模型进行作物精细分类识别。由于数据经过去云操作后存在一定的时序缺失，本节通过 Savitzky-Golay 滤波器对时序曲线进行补缺处理，以得到完整的地物年时序曲线，如图 11-3 所示。

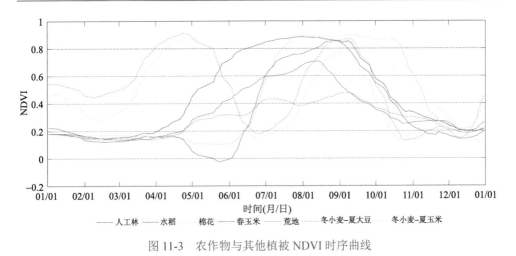

图 11-3　农作物与其他植被 NDVI 时序曲线

11.2　研 究 方 法

11.2.1　双向长短期记忆网络模型构建

　　循环神经网络是一类用于处理序列数据的神经网络。全连接层网络(full connected network)只在层与层之间建立了全连接，RNN 在时间维度引入循环概念，使网络能建模过去时刻对当前时刻的影响，以此建立正向时间上的联系。

　　时间序列遥感分类任务是完整序列多类别分类任务的一种，如果能从前后两个方向同时考虑历史信息和未来信息，这相比于单方向模型有更多的特征参与分类，从而提高分类精度。然而，通用的 RNN 在时序上处理序列，忽略了未来信息在序列中的影响。双向循环神经网络的基本思想是在模型中构建两个不同方向的循环神经网络，而且这两个循环神经网络都连接着一个输出层(Schuster and Paliwal, 1997)。这个结构把输入序列中每一个点的完整的前向和后向的上下文信息提供给输出层。如图 11-4 所示是一个沿时间展开的双向循环神经网络。6 个独特的权值在每一个时步被重复利用，6 个权值分别对应：输入层到向前和向后隐含层(w_1，w_3)，隐含层到隐含层本身(w_2，w_5)，向前和向后隐含层到输出层(w_4，w_6)。另外，需要说明的是，向前和向后隐含层之间没有信息流，这保证了展开图是非循环的。

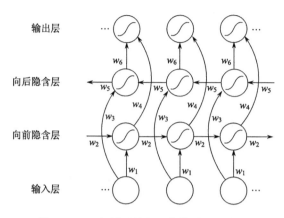

图 11-4　双向循环神经网络的结构示意图

原始 RNN 的隐藏层只有一个状态，它对于短期的输入非常敏感，但存在梯度消失问题。长短期记忆网络模型和门控循环单元(gated recurrent unit，GRU)通过使用单元建模隐藏状态来解决这一问题。在给定先前状态、当前存储器和输入值的情况下，这些单元决定了要保留和丢弃的信息(Schmidhuber and Hochreiter，1997)。其中，LSTM 通过单元与门的设计来控制信息在序列中的传递，实现对历史数据有区别的记忆和遗忘，以及对当前输入数据的不同程度的利用。本节为解决梯度消失问题，采用 LSTM Bi-LSTM 网络。该网络输出两个时间域特征向量，融合后输入激活函数进行分类。本节采用 Tensorflow 模块构建 Bi-LSTM 模型，模型的层数为 2 层，每层的神经元个数为 128，学习率为 0.001。模型的激活函数使用 Softmax 函数，代价函数为多分类的交叉熵损失函数。本节设置深度学习每个 batch 大小为 128，为了训练出高精度模型设置 epochs 为 50。

此外，为了探究循环神经网络与传统机器学习模型在遥感作物分类效果中的区别，在使用相同的训练样本的情况下，选择支持向量机(support vector machine，SVM)作为对比分类器。SVM 模型采用 Python 语言编写，调用 sklearn 包中的相关函数对分类器模型进行构建，参数均采用默认值。

11.2.2　模型泛化能力评估

目前将深度学习用于农作物分类的研究大多使用一个数据集，如野外采样数据(Ren et al.，2020；赵红伟等，2020)或者现有的作物分类产品(Kwak et al.，2020；Zhao et al.，2020)，训练集(验证集)与测试集由该数据集划分得到，在训练完成后基于同一数据分布的集合直接进行模型的能力测试(Rußwurm and Körner，2020)。本节为进一步测试模型的泛化能力，训练集(验证集)与测试集采用独立的数据集。

训练集与测试集之间存在协变量偏差，该偏差可以用来有效地检测模型的迁移泛化能力（Goodfellow et al., 2016）。

11.2.3　精度评价

利用混淆矩阵对分类结果进行精度评价，评价指标包括 OA 、 UA 、 PA 、 Kappa 系数（κ）。总体精度是指对每一个随机样本，所分类的结果与验证数据类型相一致的概率。用户精度是指从分类结果中任取一个随机样本，其类型与验证数据类型相同的条件概率。生产者精度是指从验证样点中任取一个随机样本，分类图上同一地点的分类结果与其相一致的条件概率。Kappa 系数是遥感分类中常用于一致性检验的指标，表示分类结果中的一致性。

11.2.4　基于不同长度时间序列遥感的作物早期识别

本节希望通过深度学习模型对不同种类农作物进行尽可能早的有效识别，因此将不同长度时间序列遥感数据输入模型中，得到不同时间节点的各类农作物的识别情况。本节以月为单位，将完整时间序列进行分割。由于每个月的有效图像数量不同，因此数据长度不是等差增长的。随着时间序列长度的增加，分类精度将同步提高。根据多次预实验结果以及参考相关文献（You and Dong, 2020），本节每种作物的最早可识别时间（earliest identifiable timings，EIT）被定义为该作物的 F_1 分数首次达到 0.85 的阈值，其中 F_1 分数为用户精度与生产者精度的调和平均数。这样便可以得到对不同种类作物进行有效识别的最早月份。

11.3　结果与分析

11.3.1　基于全时间序列遥感的作物分类精度评估

图 11-5 为利用 Bi-LSTM 模型生成的研究区作物分布图。由图 11-5 可以看出，冬小麦-夏玉米是该区主要的农作物种植方式，分布面积最大。而水稻主要分布在距离黄河沿岸较近的地区，这与水稻种植需要大量引水灌溉的特征相符。棉花和春玉米零散分布在黄河入海口附近，种植规模较小。

基于 Bi-LSTM 模型的分类结果精度统计如图 11-6 所示，模型总体准确率达 90.9%，Kappa 系数达到 0.892（表 11-2）。从图 11-6 中可以看出，一年两季的作物种植模式有很高的识别精度，但是当具体到冬小麦-夏玉米和冬小麦-夏大豆的精细分类时，精度变低。主要原因在于，夏玉米和夏大豆 NDVI 时序曲线非常相似，仅依赖 NDVI 时序特征，两者还存在较大的混淆。相比较来说，由于夏玉米的种植范围更加广泛，特征相对明显，因此冬小麦-夏玉米的分类精度要高于冬小麦-夏大豆。

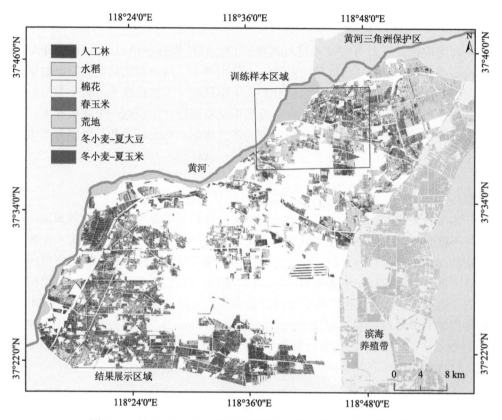

图 11-5　基于 Bi-LSTM 模型的黄河三角洲地区农作物分类结果

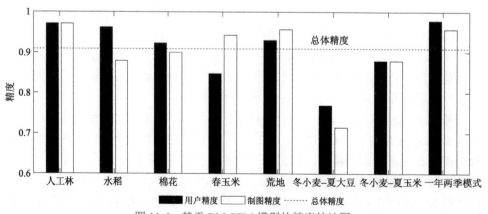

图 11-6　基于 Bi-LSTM 模型的精度统计图

　　与旱地作物不同，水稻种植期存在的特殊灌水期包含区分水田的重要光谱特征，因此水稻的分类精度较高，其用户精度在 96%以上，其他作物误分为水稻的概率很低；而水稻的生产者精度稍低于用户精度，这是因为受云等因素的影响，部分像元时序中的低谷特征不明显，导致水稻被误分为其他类型。春玉米、棉花是研究区典型的一年一季旱地作物。春玉米的生产者精度较高，而用户精度较低，这说明春玉米的识别特征被放大，有一部分其他农作物被识别成了春玉米。尽管棉花的 NDVI 曲线形态与春玉米相近，但由于收获时间不同，7 月、8 月的曲线特征存在差异。因此，从整个生长时序看，棉花与春玉米、水稻在不同阶段仍有较为明显的区分特征，分类精度较高。

　　在基于单期或多期遥感影像分类中，人工林和荒地与生长季作物存在较大程度的误分，因此本节将其纳入分类对象。由于人工林的生长周期显著大于农作物的种植周期，因而分类精度较高。与人工林相反，荒地的地表基本为杂草，其 NDVI时间序列的峰值要远低于人工林和各种农作物，因此也较易区分。

　　为探索 Bi-LSTM 模型在分类任务中的优势，在相同数据源（全时序数据）的情况下，将 Bi-LSTM 模型和 SVM 模型的分类结果进行了对比，模型的精度见表 11-2。

表 11-2　分类模型的精度统计

土地类型	SVM		Bi-LSTM	
	用户精度	生产者精度	用户精度	生产者精度
人工林	0.970	0.941	0.971	0.971
水稻	0.957	0.759	0.962	0.879
棉花	0.660	0.875	0.923	0.900
春玉米	0.800	0.830	0.847	0.943
荒地	0.886	0.899	0.930	0.957
冬小麦-夏大豆	0.667	0.714	0.769	0.714
冬小麦-夏玉米	0.887	0.833	0.879	0.879
总体精度	0.848		0.909	
Kappa 系数	0.821		0.892	

　　从表 11-2 中可以看出，总体上 Bi-LSTM 模型的结果稍好。对于三类精度较高的植被类型或作物类型人工林、荒地和冬小麦-夏玉米来说，Bi-LSTM 模型和SVM 模型同样可以取得较为满意的结果。而对于难以区分的四类作物，即水稻、棉花、春玉米和冬小麦-夏大豆，Bi-LSTM 模型的表现则更为突出。相比之下，

SVM 模型在水稻和春玉米的分类上有较大的"漏分"情况；在棉花和冬小麦-夏大豆的分类上有较大的"误分"情况。这说明 Bi-LSTM 模型在区分春夏季难以区分的种植作物上具有优势。

此外，两种模型在分类的细节上也显示出一定的差异(图 11-7)。由于黄河三角洲地区以个体农户经营为主，不同地块间种植较为杂乱。SVM 分类器在这些细节处的椒盐现象严重，地块内部不均匀且边界轮廓线模糊。相比之下，采用 Bi-LSTM 模型得到的结果分类噪声明显减少，地块内部相对均匀，边界清晰，有利于多种农作物的分类与制图。

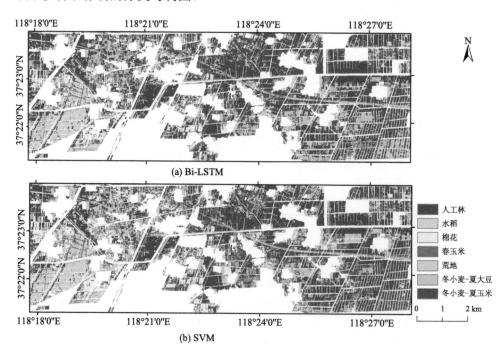

图 11-7　不同分类方法制图细节对比

11.3.2　模型泛化精度

本节基于样本区数据训练得到的模型对研究区作物结构进行分类识别，因此，研究区的分类精度一定程度上反映了模型的泛化能力。训练区[图 11-2(a)]的验证精度由训练集误差直接得到，其结果往往高于研究区的泛化精度。SVM 和 Bi-LSTM 模型的验证精度都非常高，分别为 96.7%和 97.4%，这表明二者均对训练数据集进行了充分的信息挖掘。但是当把模型泛化到研究区时，二者出现了较大的差别，Bi-LSTM 模型精度依旧保持在较高的水平(90.9%)，而 SVM 的泛化精度下降至 84.8%，出现了明显衰减。这表明，Bi-LSTM 模型在多分类任务中具有更好的预测精度和鲁棒性，即使处理有一定特征变化的新样本，模型也可以较准确地提取主要特征并归类，这保证了模型的泛化能力和稳定性。

为了进一步验证模型在更大区域上的泛化能力，选择研究区之外的 3 个典型农业种植区进行模型测试，其分类结果和精度如图 11-8 和表 11-3 所示。

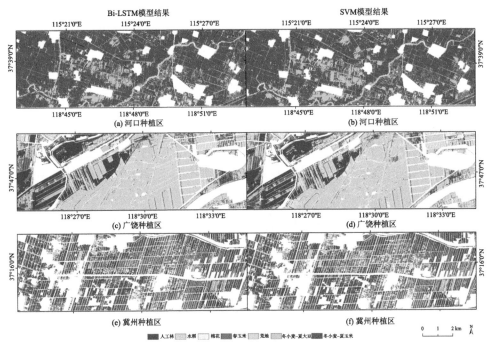

图 11-8　不同分类方法制图对比

其中每行左侧图为 Bi-LSTM 模型结果，右侧图为 SVM 模型结果

表 11-3　泛化能力测试区模型精度统计

泛化能力测试区	典型作物	Bi-LSTM 模型	SVM 模型	错分类型
河口种植区	水稻	0.894	0.830	春玉米、荒地
广饶种植区	春玉米	0.903	0.838	棉花
	冬小麦-夏玉米	0.824	0.824	冬小麦-夏大豆
冀州种植区	冬小麦-夏玉米	0.836	0.787	冬小麦-夏大豆

结果表明，在 3 个典型农作物种植区，Bi-LSTM 模型的结果优于 SVM 模型的结果，平均泛化精度高 4.5%。在河口种植区，水稻沿河流分布，其 Bi-LSTM 模型泛化精度比 SVM 模型高 6.4%，错分类型主要为春玉米和荒地。受到云层遮盖与混合像元的影响，错分区域的水稻曲线灌水特征不明显，这是导致错分的主要原因。在广饶种植区，Bi-LSTM 模型迁移后春玉米被错分为棉花，没有被错分为水稻与荒地，说明 Bi-LSTM 模型识别一年一季旱地作物的能力较强，但在区分相似的春玉米与棉花时精度稍低，Bi-LSTM 模型的泛化精度为 90.3%，优于 SVM 模型。冀州种植区是北方典型的冬小麦-夏玉米种植区，其种植物候稍早于训练样本区，冬小麦-夏大豆种植模式并不常见，但是由于夏玉米与夏大豆的 NDVI 曲线特征非常相似，当训练区模型泛化到该区域时，仍有少量冬小麦-夏玉米类别被错分为冬小麦-夏大豆，导致模型泛化精度较低，Bi-LSTM 模型的泛化精度为 83.6%，而 SVM 模型的泛化精度为 78.7%。

综合来说，由于训练区域与分类区域不同，分类区域中的变化特征检测了模型在面对新样本时的泛化能力。而 Bi-LSTM 模型的泛化精度较高表明，它具有更好的提取特征并泛化推广的能力，以及稳定的鲁棒性。与传统模型相比，即使处理与训练样本库不同的新样本，Bi-LSTM 模型也可以保证较好的识别结果。

11.3.3 时间序列长度对作物分类精度的影响

不同月份时间长度遥感时序数据作为输入的模型结果，结果如表 11-4 和图 11-9 所示。

表 11-4 不同月份数据长度精度统计

	项目	最早可识别时间	到达该月份时的精度
F_1 分数	水稻	6 月	0.870
	棉花	10 月	0.897
	春玉米	9 月	0.857
	冬小麦-夏大豆	—	—
	冬小麦-夏玉米	10 月	0.855
	冬小麦	4 月	0.874
总体准确率		9 月	0.864
总体 Kappa (9 月时)		—	0.839

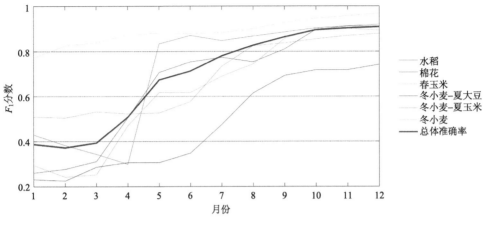

图 11-9　不同月份数据 F_1 分数统计图

从图 11-9 中和表 11-4 中可以看出，不同类型的农作物 F_1 分数曲线的特点和最早可识别时间有很大不同。一年两季类型包括冬小麦-夏大豆和冬小麦-夏玉米，若不加以区分，冬小麦在冬季就可以达到很高的识别精度，仅使用一个月的曲线便可以达到 0.77 的 F_1 分数，而 4 月小麦进入拔节期，NDVI 指数明显增大，远高于其他农作物及植被，因此在 4 月便可以达到 0.87 的 F_1 分数，最早可识别时间为 4 月。若将夏玉米和夏大豆加以区别，则 10 月是夏玉米的可识别时间，此时玉米已成熟，NDVI 变化明显；而夏大豆识别精度较低，使用全生长季数据依然无法得到令人满意的单分类结果。

在一年一季作物中，水稻较为特殊，5 月的灌水期是其识别重要时间。因此 5 月水稻的 F_1 分数有一个明显的提升。而在 6 月进入快速生长期，NDVI 值迅速上升，此差异进一步提升了水稻的分类精度，最早可识别时间为 6 月。棉花和春玉米的种植和生长周期较为相似，但春玉米种植和收获早于棉花 1～2 个月，春玉米在 9 月收获，棉花在 10～11 月收获。在对这两种作物进行早期识别时，作物时序 NDVI 特征不够明显，只有较为完整的曲线才可以保证较高的精度，因此春玉米的最早可识别时间为 9 月，而棉花的最早可识别时间为 10 月。

总体来看，不同作物与种植类型的最早可识别时间与该类作物的生长阶段特征关系明显，并且在该作物出现较为独特、明显的特征后精度会有较大幅度的提升，如冬小麦、水稻等；同时也存在早期特征不明显，需要完整生长序列才能保证精度的类型，如棉花、春玉米等。从多种作物的总体精度看，总体精度随着数据时间序列长度增加而不断提高。3～5 月增长明显，分类精度有明显提升，说明这一时期的数据具有较多的信息量。5～9 月不断提升，说明时间序列长度的增加

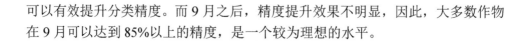

可以有效提升分类精度。而 9 月之后，精度提升效果不明显，因此，大多数作物在 9 月可以达到 85%以上的精度，是一个较为理想的水平。

11.4　讨　　论

11.4.1　基于时序遥感数据深度学习分类的优势

与传统的单、多期影像相比，结构化的时间序列数据可以降低天气的影响，同时蕴含更多的信息，有利于提取植被物候特征(Zeng et al., 2020)。生长期相近的作物往往难以区分(You and Dong, 2020)，如水稻、棉花和玉米。但不同作物在生长过程中存在不同的快速增长期，这种信息会反映在 NDVI 时序数据的斜率和权重上，是单、多期影像无法提供的关键区分信息(Zhou et al., 2019)。

Bi-LSTM 模型是一种专注于探究时序数据前后逻辑关系的循环神经网络模型，它可以充分利用结构化的时间标签信息。本节采用高频时序 NDVI 数据作为输入，进一步证明该模型在挖掘植被生长过程中 NDVI 变化特征的优势。一些研究已显示了循环神经网络应用于作物分类的优势。Kwak 等(2020)的研究表明，当难以获得覆盖作物整个生长周期的完整时间序列图像时，该模型通过考虑时间序列图像在前向和后向的时间依赖性来弥补信息的不足，可以有效地应用于作物分类。用于玉米和大豆的分类制图时，Xu 等(2020)发现，循环神经网络能够从关键的生长阶段捕捉到关键信息，在 7 月初以后取得了比其他模型更高的准确率。另外，Bi-LSTM 模型不但考虑了历史信息，还考虑了未来输入的影响(Kwak et al., 2020)，也即在作物分类任务中更加充分地考虑了序列在整体时间段上的变化与分布，如整体的高低位转换模式。因此模型通过对时序数据特征学习，能对作物生长阶段信息进行有效的考虑，进一步改善作物识别精度。

11.4.2　模型泛化能力

当应用训练区得到的模型对研究区和其他几个测试区进行分类时，Bi-LSTM 模型都表现出较高的分类精度，总体上比 SVM 模型具有更好的分类效果，说明 Bi-LSTM 模型具有良好的泛化能力。这可能与 Bi-LSTM 模型的强学习能力有关。Bi-LSTM 模型中 LSTM 层接受输入的时序数据之后，利用其处理上下文信息的能力和记忆能力有可能捕捉到时序数据中潜在的非线性特征(Lakshminarayanan and McCrae, 2019)，而多层与双向的 LSTM 结构进一步提高了模型容量与提取特征的能力(Zhao et al., 2020)。之后利用激活函数对特征进行处理，更好地表达时序数据中的信息并辅助最终数据分类任务。与其相比，SVM 模型是由线性分类模型改进而来的，寻求样本间隔最大化的分离超平面，从而实现对非线性数据的分类(庞敏, 2019)。SVM 模型可以通过核技巧使低维数据转化为特征数据(Chen et al., 2005)，同样也有不错的分类结果，但核的选择与特征提取效果依赖于先验知识与不断反复实验，其在面对新样本时的提取特征能力弱于深度学习模型(Lakshminarayanan and McCrae, 2019)。以水稻为例，野外调查发现黄河三角洲地区水稻种植的水源主要依赖于引黄灌溉，因此，水稻的播种需要视引黄灌溉的时间而定，移栽期在空间上存在较大差异，从 5 月中旬到 6 月下旬不等。而 Bi-LSTM 模型在泛化过程中对研究区之外水稻的识别依然保持较高的精度，这说明该模型在学习过程中，将水稻 NDVI 时序间的关系(形态、结构等)作为有效的区分特征准确地识别出来，即使区域不同、物候特征存在一定偏差，Bi-LSTM 模型依然能够有效地把握其总体上的变化趋势。

　　Bi-LSTM 模型的泛化能力在相关研究中也得到了一定验证。在 Xu 等(2020)开展大规模玉米和大豆制图的研究中，该模型的空间转移能力明显优于随机森林模型和多层感知机(multilayer perceptron，MLP)模型，表明模型有能力从时间序列中学习可推广的特征。这一优势对于大区域的作物分类制图非常重要，因为全面样本的选取通常费时费力，当采集的训练样本无法覆盖全面的种植类型特点时，样本和地表真实情况存在一定的系统性误差，影响传统模型的分类精度。而采用泛化能力更强的深度学习模型进行分类制图可以一定程度上降低对样本的依赖。

11.5　本　章　小　结

　　本章基于 Sentinel-2 全年可用卫星影像构建了 NDVI 时间序列数据，采用 TensorFlow 深度学习框架搭建了 Bi-LSTM 模型,对黄河三角洲地区的农作物开展分类和早期识别研究，探究了深度学习模型在时间序列遥感作物分类中的潜力。研究表明，卫星影像时间序列蕴含的结构化特征信息可以有效地降低特定时段的作物光谱混淆，为作物和种植结构精细分类提供了有力的支撑。结合深度学习模型，将其应用于黄河三角洲地区作物分类时，总体准确率达 90.9%，Kappa 系数达到 0.892。Bi-LSTM 模型能够同时考虑前向和后向的时间状态信息，可以学习作物不同阶段的光谱变化特征，在水稻、棉花、春玉米等作物的识别上表现优异。同时，模型能够有效地把握样本的变化趋势与特征，因而在农作物大区域分类任务中具有更好的泛化能力和鲁棒性。不同类型的农作物 F_1 分数曲线的特点和最早可识别时间各不相同，与作物生长阶段特征关系明显。其中，小麦最早可识别时间为 4 月，水稻为 6 月，春玉米为 9 月，棉花和夏玉米为 10 月。

第12章

基于时间序列 Landsat 影像的橡胶林变化检测

在过去的几十年里，不同来源的卫星遥感数据被应用于森林变化监测。其中，MODIS 数据具有高时间分辨率、覆盖范围大等优点，在森林变化监测中得到了广泛应用(Leuning et al., 2005; Turner et al., 2003)。然而，MODIS 数据空间分辨率较低，对小尺度的森林变化监测仍有很大困难。SPOT、QuickBird 等影像具有更高的空间分辨率，能更精细地识别森林格局及变化特征(Gopal and Woodcock, 1996; Desclée et al., 2006)，但高分辨率影像处理的数据量较大，成本较高，限制了其在大范围森林监测中的应用。

Landsat 卫星数据兼具免费、分辨率适中等特点，为森林资源监测提供了有力数据支撑，该卫星保持了迄今为止对地球表面和动态最长时间的连续、一致的天基观测记录(Roy et al., 2010)。传统上，大多数变化监测算法基于两期的 Landsat 影像。这些算法简单易用，但是采用的两期影像必须在一年的同一个季节，以最小化生长历差异和 BRDF 效应。此外，这种变化监测算法只能提供两期影像获取的时段内的森林动态空间格局，无法获知变化在两期影像之间何时发生，尤其是当两期影像时间跨度较大时，一些重要的变化过程都无从得知(Zhe and Woodcock, 2014)。近年来，基于时间序列 Landsat 数据的变化检测研究得到了广泛关注，提出了各具特色的变化检测算法，例如，基于光谱轨迹的干扰和趋势监测算法(LandTrendr) (Kennedy et al., 2010; 沈文娟和李明诗, 2017)、植被变化追踪(VCT)算法(Huang et al., 2010)、连续变化监测和分类(CCDC) (Zhu et al., 2012; Zhu and Woodcock, 2014)、季节与趋势断点(BFAST)算法(Devries et al., 2015)等。这些算法主要应用于森林变化检测，对特定树种的检测应用较少，且大多只能识别宽泛的干扰强度事件，如何快速、精确地检测森林变化信息有待进一步深入研究。

在第 10 章对泰国东北部黎府橡胶林现势格局精确提取基础上，本章利用时间序列 Landsat 遥感数据构建 NDVI 年际时间序列，结合橡胶林对天然林和耕地侵占的干扰信号以及橡胶林的种植和生长特征，分析不同土地利用类型转换为橡胶林过程中 NDVI 的年际变化规律，利用基于时间序列子集(shapelets)的时间序列分析方法检测区域橡胶林种植年份和转换前土地利用类型(即初始土地状态)，实现橡胶林林龄结构参数和干扰类型的识别和空间分布制图,分析近 20 年间研究区橡胶林的时空扩张过程及特征。

12.1　数据与处理

12.1.1　Landsat 数据收集及处理

　　Landsat-5、Landsat-7 和 Landsat-8 卫星是美国航空航天局(NASA)陆地卫星计划发射的陆地观测系列卫星，已全面免费向全球用户开放使用，具有较好的连续性和一致性。本节采用的系列数据包括 2000~2019 年的 Landsat-4 和 Landsat-5 卫星 TM 数据、Landsat-7 卫星 ETM+数据和 Landsat-8 卫星 OLI 数据，Landsat 系列数据从 https://earthexplorer.usgs.gov/网站下载，数据为 L1T 级别。利用第 3 章方法对有云影像中的云和云影做进一步的识别和标定。为保证不同传感器影像投影一致，所有影像投影均设置为 WGS_84_UTM_ZONE_47N 坐标系。影像轨道号为 Path/Row=129/48，影像列表见表 12-1。

表 12-1　用于构建时间序列堆栈的 Landsat 时间序列影像列表

年份	获取日期(年/月/日)	传感器类型
2000	2000/11/10	Landsat-5 TM
2001	2001/1/05	Landsat-7 ETM+
2002	2002/11/08	Landsat-7 ETM+
2003	2003/3/16	Landsat-7 ETM+
2004	2004/11/5	Landsat-5 TM
2005	2005/11/24	Landsat-5 TM
2006	2006/11/27	Landsat-5 TM
2007	2007/1/14	Landsat-5 TM
2008	2008/3/5	Landsat-5 TM
2009	2009/3/8	Landsat-5 TM
2010	2010/2/23	Landsat-5 TM
2011	2011/1/25	Landsat-7 ETM+
2012	2012/4/25	Landsat-5 TM
2013	2013/11/30	Landsat-8 OLI
2014	2014/1/17	Landsat-8 OLI

续表

年份	获取日期(年/月/日)	传感器类型
2015	2015/1/4	Landsat-8 OLI
2016	2016/4/12	Landsat-8 OLI
2017	2017/2/10	Landsat-8 OLI
2018	2018/2/13	Landsat-8 OLI
2019	2019/4/21	Landsat-8 OLI

12.1.2　NDVI 时序构建

NDVI 对变异性和生长季节的突然变化更为敏感，能够更准确地检测变化，因此，本节利用 NDVI 作为森林扰动的检测指标。以 2000～2019 年的 Landsat-5 TM、Landsat-7 ETM+和 Landsat-8 OLI 数据计算得到的 NDVI 年际序列作为算法的输入变量，实现橡胶林种植年份的识别和转换前土地利用类型的自动识别。由于橡胶林种植年份识别的基础是现阶段橡胶林的空间分布范围，所以需要将 Landsat NDVI 数据与 2019 年橡胶林的空间分布图进行空间叠加，得到橡胶林范围内的 NDVI 时序数据。

12.2　基于 shapelets 的橡胶林变化自动识别模型构建

Ye 和 Keogh(2009)最早提出了 shapelets 的概念，shapelets 是时间序列中最能够代表该类时间序列的一段连续子序列，是时间序列特有的局部特征，通过这个子序列能够对未知类的时间序列进行标记。相比于只能提供分类结果的普通算法，shapelets 可以说明类别间的差异性。一元时间序列 $T = \{T_1, T_2, \cdots, T_m\}$ 是一个长度为 m 的实值连续数据序列。其中，$T_1, T_2, \cdots, T_m$ 按照时间的先后顺序排列，T_i 表示时间序列 T 的第 i 个点。S 是时间序列中长度为 l 的一段连续子序列(subsequence)，记为 $S = \{T_p, T_{p+1}, \cdots, T_{p+l-1}\}$，$1 \leq p \leq m-l+1$。

shapelets 发现算法的目的是找到最具有可辨别性的 shapelet。现有的 shapelets 发现算法可分为以下两类。

(1)候选者空间搜索发现 shapelets。一个时间序列中，任何一个子序列 S 都有可能是最佳的 shapelet，把每一个子序列都当作一个 shapelet 候选者，所有的子序列就构成了 shapelets 候选者空间。假设一个时间序列数据集 D 中有 A 和 B 两类时间序列，类别 A 的概率为 $p(A)$，类别 B 的概率为 $p(B)$，则 D 的熵可表示为

$$\text{Ent}(D) = -p(A)\lg(p(A)) - p(B)\lg(p(B)) \tag{12-1}$$

假设数据集 D 被划分为两个数据子集 D_1 和 D_2，则它的信息增益可表示为

$$\text{Gain} = \text{Ent}(D) - \frac{|D_1|}{D}\text{Ent}(D_1) - \frac{|D_2|}{D}\text{Ent}(D_2) \tag{12-2}$$

Ye 和 Keogh(2009)最早基于 shapelets 候选者空间提出 shapelets 发现算法，候选者空间搜索发现 shapelets 是在 shapelets 候选者空间内找出的使得信息增益(gain)最大的 shapelets 候选者。此方法的时间复杂度对于数据的维度和数据集的大小都很敏感，仅适合序列长度较小且序列个数不多的数据集。

(2)目标函数优化学习 shapelets。通过目标函数来发现 shapelets 是将传统 shapelets 发现过程转化为数学问题中的优化求解过程。Grabocka 等(2014)首次提出通过目标函数求解最佳的 shapelets 方法，相比于原始的 shapelets 发现算法，该算法降低了时间复杂度。虽然该算法速度较快，但需要设置较多参数，在解决不同问题时需要根据实际情况选择最优参数。

在基于 shapelets 的时间序列分类问题中，对时间序列进行分类时，需要计算 shapelets 与待分类时间序列的距离，当距离小于 shapelets 的距离阈值时，这条时间序列就被归为 shapelets 所属的类别，否则其将被归为其他类别。基于 shapelets 的时间序列分类算法可分为以下两类。

a)shapelets 发现与分类器的构造相结合的分类方法。该分类方法在发现 shapelets 的同时构造分类器。Ye 和 Keogh(2009)首先提出了基于 shapelets 的决策树分类方法，通过暴力搜索发现 shapelets，之后根据 shapelets 构造决策树，最后利用决策树进行分类。给定两个时间序列 T 和 R，长度均为 m，这两条时间序列之间的相似度可表示为 $\text{Dist}(T, R)$，计算公式如下：

$$\text{Dist}(T, R) = \sqrt{\frac{1}{m}\sum_{i=1}^{m}(x_i - y_i)^2} \tag{12-3}$$

完整时间序列和子序列之间的距离可利用 $\text{SubDist}(T, S)$ 计算，其中 $S_T^{|S|}$ 为时间序列 T 中所有长度为 $|S|$ 的子序列的集合。

$$\text{SubDist}(T, R) = \min(\text{Dist}(S', S)), S' \in S_T^{|S|} \tag{12-4}$$

b)shapelets 发现与分类器的构造相分离的分类方法。该分类方法就是先利用得到的 shapelets 对时间序列进行空间数据的转换，然后构造分类器，转换后的数据可以结合传统的分类策略，提高了算法的灵活性。但通过该算法发现 shapelets 的过程非常耗时，且 shapelets 的转换方法并不适合所有问题。

本节在 shapelets 基础上充分利用 shapelets 的内部信息构建了橡胶林变化自动

检测算法。包括以下步骤：首先，基于 NDVI 年际时间序列分析 NDVI 的变化特征，确定算法阈值；其次，基于 shapelets 算法检测橡胶林种植年份及土地初始状态空间分布图；最后，对识别结果进行验证和分析。本算法技术路线如图 12-1 所示。

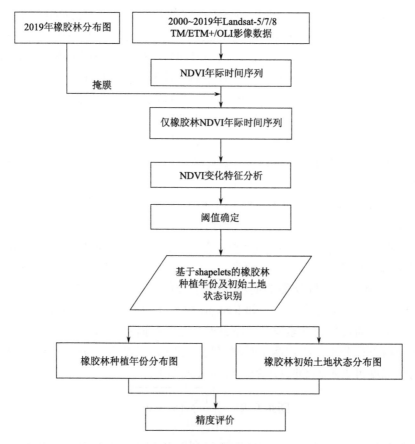

图 12-1 基于 shapelets 算法的橡胶林种植年份及初始土地状态自动识别流程

12.2.1 橡胶林 NDVI 年际变化特征分析

通过 2000～2019 年 NDVI 数据堆栈，研究区每个橡胶林像元都拥有一条 NDVI 年际时序曲线 $T = \{T_1, T_2, \cdots, T_l\}$，是一个长度为 l 的数据序列。其中，$T_1, T_2, \cdots, T_l$ 按照年份的先后顺序排列，T_i 表示 NDVI 年际时间序列的第 i 个 NDVI 值。

泰国东北部为非传统的橡胶种植区，橡胶林的面积增长主要通过砍伐天然林

或占据原有耕地实现，橡胶林的种植历史对原土地覆盖有着强烈的干扰。为确定
2000～2019 年橡胶林的干扰和种植信号与 NDVI 历史信号之间的关系，选择研究
区两个典型的橡胶林样点进行分析。

样点 1 为 2009 年的橡胶种植点，由天然林转换而来。提取了该样点 2000～
2019 年的 NDVI 值(图 12-2)，可知该点的 NDVI 值在 2007 年前保持在 0.7～0.8，
2007 年开始降低，说明该点天然林在该年份受到干扰，在 2009 年达到最低值，
之后，随着时间推移，NDVI 值逐年不断回升至 2007 年之前。利用 Google Earth
历史高分辨率遥感影像截取该点三个不同时期的高清遥感影像(图 12-3)，时间分
别为 2006 年 10 月 23 日、2013 年 12 月 9 日和 2019 年 2 月 23 日，可以看出，2006
年该样点为未受干扰的天然林，而 2013 年其已转换为橡胶林，说明天然林砍伐和
橡胶林种植活动发生在 2006～2013 年。至 2019 年，橡胶林的郁闭度进一步提高。

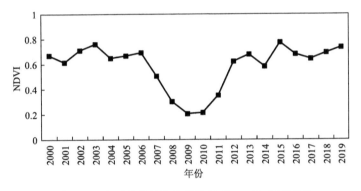

图 12-2　由天然林转换为橡胶林的 NDVI 年际变化

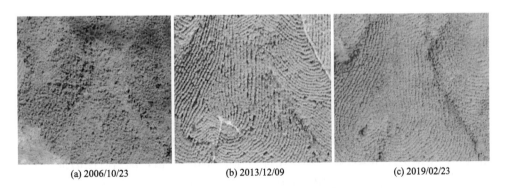

(a) 2006/10/23　　　　　(b) 2013/12/09　　　　　(c) 2019/02/23

图 12-3　天然林转化为橡胶林的过程

样点 2 为 2008 年的橡胶种植点，由耕地转换而来。该点在 2000～2019 年的
NDVI 值如图 12-4 所示，可知该点 NDVI 值在 2008 年反复上下波动，在 2008 年

发生突变，之后逐年回升并得到较 2008 年前高的水平，说明 2008 年为耕地受到干扰的年份，同时也是橡胶林的种植年份。为了进一步验证推论，截取了不同时期的 Google Earth 高分辨率遥感影像(图 12-5)，以观察其历史变化情况，影像时间分别为 2006 年 10 月 23 日、2013 年 12 月 9 日和 2019 年 2 月 23 日，可以看出，2006 年该样点为未受干扰的耕地，而 2013 年其已成为郁闭度较高的橡胶林，在 2019 年已基本郁闭，说明该样点耕地在 2006～2013 年受到干扰，之后种植橡胶林。

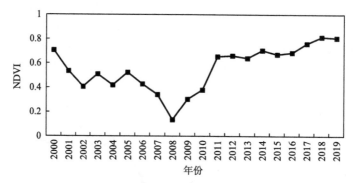

图 12-4　由耕地转换为橡胶林的 NDVI 年际变化

(a) 2006/10/23　　　　(b) 2013/12/09　　　　(c) 2019/02/23

图 12-5　耕地转化为橡胶林的过程

对两个不同转换类型样点进行定量分析后，表明如果发生橡胶林种植活动，NDVI 在土地清理和橡胶种植期存在持续几年的相对低值，随着时间的推移又逐渐回升到之前的高值。图 12-6 为不同生长阶段的橡胶林及对应实地照片，对应 NDVI 逐渐升高的时段。shapelets 是 NDVI 时间序列中最能代表该序列的一段连续子序列，记为 $S(s,w)=\{T_s,T_{s+1},\cdots,T_{s+w-1}\}$，$s\in[1,l]$，$w\in[1,l-s]$。除 S 外的剩余 NDVI 序列定义为 Non-shapelet(N)，$N(s,w)=\{T_1,T_2,\cdots,T_{s-1},T_{s+w},T_{s+w+1},\cdots,T_l\}$。

橡胶林 NDVI 时序曲线中的 shapelet 即代表橡胶林可能在该时段内种植。

根据研究区实际情况,橡胶林的转化主要分为三种模式:①天然林砍伐后种植橡胶林;②耕地转化成橡胶林;③自 2000 年开始完整持续 20 年的橡胶林。

(a) 谷歌高清图

(b) 实地照片

图 12-6　不同生长阶段的橡胶林及对应实地照片

12.2.2　橡胶林 NDVI 时间序列 shapelet 的确定

本节时间序列长度较短,故采用第一类发现算法(在 shapelet 候选者空间找到最好的 shapelet)遍历所有 shapelet 候选者,选择对应 $N(s,w)$ 差异性最大的 $S(s,w)$ 作为最终代表该橡胶林像素点 NDVI 时间序列的 shapelet。本节利用 Zakaria(2012)提出的 GAP 分离算法计算差异性,shapelet 候选者的分离指数计算如下:

$$\text{Gap}(s,w) = \mu_{N(s,w)} - \sigma_{N(s,w)} - (\mu_{S(s,w)} + \sigma_{S(s,w)}) \tag{12-5}$$

式中, $\mu_{N(s,w)}$ 和 $\sigma_{N(s,w)}$ 分别为 Non-shapelet 组的 NDVI 均值和标准差; $\mu_{S(s,w)}$ 和 $\sigma_{S(s,w)}$ 分别为所有 shapelet 候选者的 NDVI 均值和标准差。

在遍历 NDVI 时间序列寻找 shapelet 前,首先需要定义 shapelet 的最短宽度 w,即确定橡胶干扰持续的最短时间。根据大量橡胶林 NDVI 时间序列比对及实地调查时对泰国胶农的采访,同时为了尽可能详尽地检测变化,本节 shapelet 的 w 参数设置为 3。

最后,利用 GAP 分离算法计算每个 shapelet 候选者的分离指数,分离指数最大的 shapelet 候选者 $S(s',w')$ 标记为该时间序列像素的最终 shapelet。

12.2.3　橡胶林 NDVI 时间序列分类

根据 shapelet 的识别结果，无论 2000～2019 年是否发生了橡胶林种植活动，每个像素点的 NDVI 时间序列都被分配了一个最终 shapelet。本节采用配对 T 检验检测 $S(s',w')$ 与 $N(s',w')$ NDVI 均值之间是否具有显著的差异性，之后确定阈值，进而区分在 2000～2019 年发生种植活动的橡胶林和持续 20 年的橡胶林。如果 $S(s',w')$ 的 NDVI 值显著低于 $N(s',w')$，则判定橡胶种植活动发生，反之，则判定该像素点为持续 20 年的橡胶林。对于一个最终 shapelet $S(s',w')$，基于 Burt 等(2009)的转换方程计算配对样本 t^* 值，计算公式如下：

$$t^* = \frac{\mu_{N(s',w')} - \mu_{S(s',w')}}{\sigma_{\mu_N \mu_S} \times \sqrt{\dfrac{1}{w'} + \dfrac{1}{1-w'}}} \tag{12-6}$$

式中，$\sigma_{\mu_N \mu_S}$ 为合并方差，计算公式为

$$\sigma_{\mu_N \mu_S} = \sqrt{\frac{(L-w'-1)\sigma\mu_{N(s',w')}{}^2 - (w'-1)\sigma\mu_{S(s',w')}{}^2}{L-2}} \tag{12-7}$$

如果 t^* 值大于单尾 T 检验 $t_{(n_N + n_S - 2, 1-\alpha)}$ 的临界值，就会拒绝零假设，说明 shapelet 的 NDVI 值明显低于 Non-shapelet，从而表明橡胶林干扰和种植活动的发生；否则该像素将被标记为持续 20 年的橡胶林。α 是 T 检验的显著水平，它决定了 shapelet 的时间序列分类的阈值(即单尾检验的临界值)，以区分发生种植活动的橡胶林和持续 20 年的橡胶林，α 越低，要求 shapelet 与 non-shapelet 的差异性越大。本节选择 $\alpha = 0.01$，对应阈值 $t_{(18,0.99)} = 2.552$。

图 12-7 展示了配对样本 T 检验如何区分在 2000～2019 年发生种植活动的橡胶林和持续 20 年的橡胶林。虚线矩形表示由 shapelet 遍历算法确定的 shapelet 的位置。三个时间序列示例代表了识别过程中的三种不同模式：①天然林砍伐后种植橡胶林；②完整持续 20 年的橡胶林；③云噪声。由于橡胶林的种植和生长会经历一段时间的土地清理和橡胶幼苗移植，且橡胶林生长初期冠层郁闭度较低，该时间段内 NDVI 具有持续且显著的低值[图 12-7(a)]，该时间序列的 shapelet 与 Non-shapelet 部分的差异显著($t^* = 12.219$)。由于完整持续 20 年的橡胶林没有受到扰动，shapelet 的 NDVI 值与 Non-shapelet 的 NDVI 值差异非常小[图 12-7(b)]。当一个时间点的 NDVI 值受到云噪声的影响时[图 12-7(c)]，因为 shapelet 的最小时间宽度为 3，shapelet 检测算法将这个异常时间点和它的两个时间邻域点识别为该 NDVI 时间序列的 shapelet。该 NDVI 时间序列的 shapelet 与 Non-shapelet 部分的差异性($t^* = 0.851$)甚至低于持续 20 年的天然林($t^* = 1.521$)。通过以上三种模式分

析可知，只有发生橡胶种植活动的时间序列会具有大于阈值$(t^*=2.552)$的 t 统计值$(t^*=12.219)$。

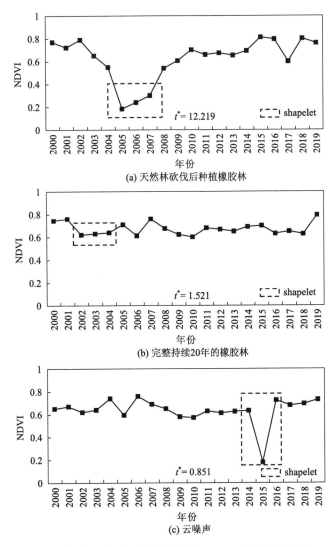

图 12-7 　 橡胶林不同模式的年际 NDVI 时间序列云噪声

12.2.4 　 基于 shapelet 橡胶林种植年份自动检测

在识别出发生了橡胶种植活动的 NDVI 时间序列像元后，下一步则需要识别该像元的橡胶林何时开始种植。图 12-8 解释了如何从橡胶 NDVI 时间序列的

shapelet 中提取橡胶种植年份、毁林年份和种植时间间隔。其中，将 shapelet 中满足条件 $\{T_x|T_x < T_{x-1}, T_x < T_{x+1}\}$ 的时间点定义为 shapelet 的"顶点"。一个 shapelet 中可能有多个顶点，但只有最后一个顶点和橡胶的种植活动相关，因此，选择 shapelet 的最后一个顶点作为橡胶种植年份，并可以此推算橡胶林龄（图 12-8）。

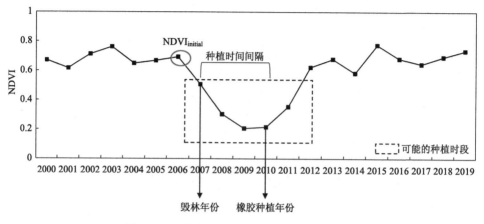

图 12-8　毁林年份和橡胶种植年份识别示意图

12.2.5　基于 shapelet 的初始土地状态自动检测

将 shapelet 的起始时间点定义为毁林年份，为了识别初始土地状态，计算了橡胶种植年份和毁林年份之间的时间间隔，并将其定义为种植时间间隔（planting temporal interval，PTI）。研究区的橡胶林主要由天然林和耕地转换而来，由于橡胶种植前的土地利用状态不同，种植时间间隔也会有差异。如果种植时间间隔足够短[图 12-7(a)]，说明橡胶林是在毁林活动后不久种植的，因此转换前的土地覆盖是"天然林"。如果间隔大于阈值，说明在该地区种植橡胶之前，非森林状态已经存在，因此转换前的土地覆盖是"耕地"。根据大量 NDVI 时序检验，本章中 PTI 阈值为 3 年。

然而，仅基于 PTI 不能完全描述橡胶林复杂的种植过程。研究区地处热带季风区的东南亚，该地区耕地的种植制度灵活，耕地种植状态变异性较大，NDVI 值的分布也更为分散；而天然林在一年中都具有较高的植被覆盖度，一年中大部分时间保持较高的 NDVI 值。因此，基于天然林和耕地在 NDVI 值分布范围上的差异，本节在 PTI 的基础上，引入统计边界（statistical boundary，SB）概念，对 shapelet 前第一个时间点的 NDVI 值加以限制，以提高识别的准确度。

定义 shapelet 前第一个时间点的 NDVI 值为 $NDVI_{initial}$，SB 的确定过程为，通过在发生橡胶种植活动的橡胶林像素范围内随机生成采样点，将采样点叠加到 Landsat 时序影像图中，判断该点转换成橡胶林前的土地利用类型，并使用 Google Earth 历史高清遥感影像进一步验证。之后，根据橡胶种植年份识别结果，提取所有像元的 $NDVI_{initial}$，统计结果如图 12-9 所示。天然林的 $NDVI_{initial}$ 一般大于耕地的 $NDVI_{initial}$，但仍有少部分重叠。由于东南亚地区种植制度灵活，同一时间，耕地可能存在多种种植模式，$NDVI_{initial}$ 范围波动较大，而天然林植被覆盖度高，$NDVI_{initial}$ 值较为稳定，故选择天然林 $NDVI_{initial}$ 的最低值(0.5869)作为区分天然林和耕地的统计边界，即 SB=0.5869。

因此，如果一个 shapelet 同时满足式(12-8)，即可判断该像素点的橡胶林初始土地状态为天然林，反之，则判定为耕地。

$$\begin{cases} PTI \leqslant 3 \\ 且\ SB \geqslant 0.5869 \end{cases} \tag{12-8}$$

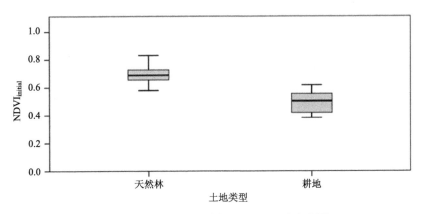

图 12-9　天然林和耕地的 $NDVI_{initial}$ 分布范围

12.3　结果与分析

12.3.1　橡胶林种植年份识别

基于 shapelet 算法得到研究区橡胶种植年份分布图(图 12-10)。研究区 2000～2019 年 Google Earth 高分辨率影像较少，无法获取橡胶林地块的准确种植年份，因此将橡胶林龄划分为 5 个年龄组进行精度验证，年龄组成分别为 1～5 年、6～10 年、11～15 年、16～19 年和 ≥20 年，即对应橡胶林种植年份为 2014～2018

年、2009～2013 年、2004～2008 年、2000～2003 年和 2000 年以前（表 12-2），结合 Google Earth 历史高分辨率影像和 Landsat 时间序列数据获取林龄验证数据，利用混淆矩阵对 2019 年研究区林龄识别结果进行精度验证（表 12-3）。结果表明，研究区橡胶林种植年份自动识别的总体精度为 0.8265，Kappa 系数为 0.7816。其中，1～5 年、6～10 年、11～15 年、16～19 年和≥20 年组的生产者精度分别为 82.70%、82.69%、81.05%、80.26%和 89.01%，用户精度分别为 84.50%、78.96%、80.61%、86.74%和 82.94%，表明橡胶林种植年份自动识别结果具有良好的估计精度。

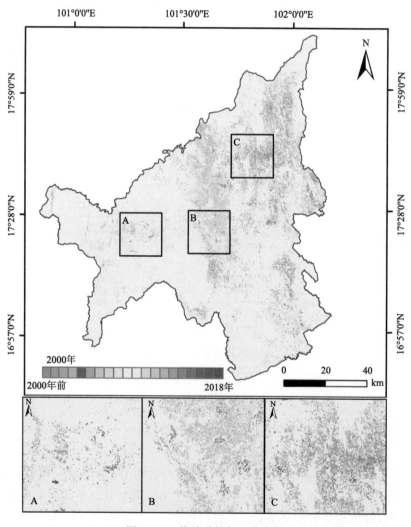

图 12-10　橡胶种植年份分布图

表 12-2　橡胶林龄组与种植时期对应表

编号	年龄组	种植时段
1	1～5 年	2014～2018 年
2	6～10 年	2009～2013 年
3	11～15 年	2004～2008 年
4	16～19 年	2000～2003 年
5	≥20 年	2000 年以前

表 12-3　橡胶林种植年份识别结果精度验证

年龄组	1～5 年	6～10 年	11～15 年	16～19 年	≥20 年	总计	生产者精度/%
1～5 年	545	58	44	10	2	659	82.70
6～10 年	46	578	55	12	8	699	82.69
11～15 年	32	56	744	63	23	918	81.05
16～19 年	14	32	56	687	67	856	80.26
≥20 年	8	8	24	20	486	546	89.01
总计	645	732	923	792	586	3678	
用户精度/%	84.50	78.96	80.61	86.74	82.94		

12.3.2　橡胶林种植空间扩展特征

为探索橡胶林面积的时空扩张过程，以橡胶林的种植年空间分布信息为基础，利用 ArcGIS 10.2 软件的空间统计分析方法统计了 2000～2018 年的研究区总体新增橡胶林面积(图 12-11)，并进一步计算了橡胶林累计种植面积(图 12-12)。可知，研究区新增橡胶林种植年份主要集中在 2004～2006 年，占总新增面积的 61.78%。2000～2019 年，研究区橡胶林总面积增加 $1.14×10^5\,hm^2$，增长了 9.11 倍。其中，2005 年较 2000 年，研究区橡胶林总面积增加了 6.43 倍；2019 年较 2005 年则增加了 1.42 倍。

为分析橡胶林整体的变化情况，本节计算了黎府橡胶林面积在 2000～2005 年、2005～2010 年、2010～2015 年和 2015～2019 年 4 个时间段内的年变化速率，结果如表 12-4 所示。可知黎府橡胶林在 2000～2005 年面积增长迅速，达到 14390.80 hm^2/a，而 2005～2010 年，橡胶林的年增加速率减小到 3615.61 hm^2/a，相比于 2000～2005 年降低了约 74.88%。2010～2019 年橡胶林的年增加速率保持在 2000 hm^2/a 左右。

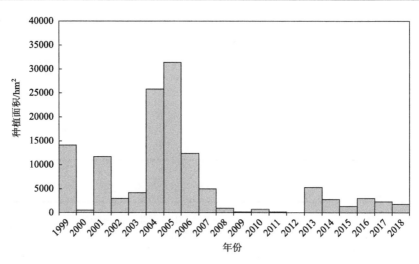

图 12-11 整体橡胶林种植年份及面积统计

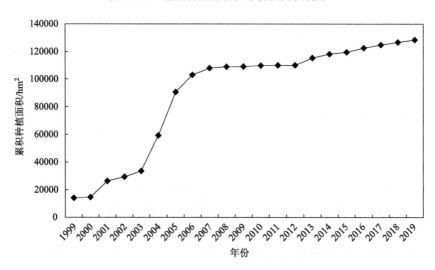

图 12-12 整体橡胶林累计种植面积

表 12-4 2000～2019 年不同期间黎府橡胶林年变化速率

年份	年变化速率/(hm²/a)
2000～2005	14390.80
2005～2010	3615.61
2010～2015	1953.14
2015～2019	2019.26

为进一步分析不同区县在不同年段内的橡胶林扩张规律,分别统计了 14 个县在 2000~2005 年、2005~2010 年、2010~2015 年和 2015~2019 年 4 个时间段内的橡胶林种植面积的增加量,结果如图 12-13 所示。可知随着时间的推移,总体新增橡胶林面积逐渐减少。2000~2005 年 Mueang Loei 县橡胶林增加面积最多,为 19851.12 hm^2,占总体新增面积的 27.59%;其次为 Pak Chom 县,新增种植面积为 14652.63 hm^2,占总体新增面积的 20.36%。Chiang Khan 县、Na Duang 县和 Wang Saphung 县的新增面积也较高,分别为 10097.46 hm^2、8199.9 hm^2 和 7627.41 hm^2,分别占总体新增面积的 14.03%、11.40% 和 10.60%。2005~2010 年总体新增面积较 2000~2005 年有所降低。其中,Mueang Loei 县橡胶林增加面积最多,为 7716.06hm^2,占总体新增面积的 42.68%;其次为 Chiang Khan 县和 Dan Sai 县,新增面积分别为 3250.71hm^2 和 2585.97hm^2,分别占总体新增面积的 17.98% 和 14.30%。2010~2015 年研究区橡胶林新增面积较小,为 9765.72hm^2,相比于 2005~2010 年减少将近一半。其中,Mueang Loei 县橡胶林增加面积最多,为 2388.15hm^2,占总体新增面积的 24.45%;其次为 Pak Chom 县和 Na Duang 县,新增面积分别为 2046.60hm^2 和 1795.68hm^2,分别占总体新增面积的 20.96% 和 18.39%。2015~2019 年研究区橡胶林新增面积进一步降低,仅为 8077.03hm^2。其中,仅 Mueang Loei 县和 Chiang Khan 县新增种植面积超过 1000hm^2。

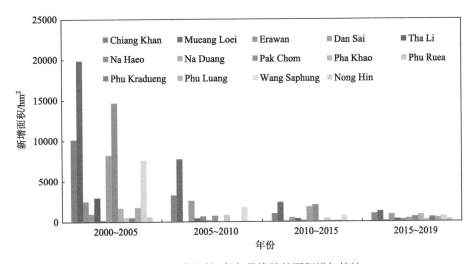

图 12-13　不同时间段各县橡胶林面积增加统计

为深入探究橡胶林数量变化在不同县域间的差异性,本节选取单一土地利用类型相对变化率模型计算了 14 个县内橡胶林在 2000~2005 年、2005~2010 年、2010~2015 年和 2015~2019 年 4 个时间段的相对变化率,计算结果如图 12-14~

图 12-17 所示。由图 12-14 可知，2000～2005 年大部分县内橡胶林种植面积扩张速度较快，有包括 Pak Chom 县和 Chiang Khan 县在内的 6 个县的相对变化率超过 100%，而 Na Haeo 县扩张速度最慢，相对变化率仅为 13.98%。由图 12-15 可知，Na Haeo 县橡胶林在 2005～2010 年扩张速率最快，相对变化率达到 650.18%；

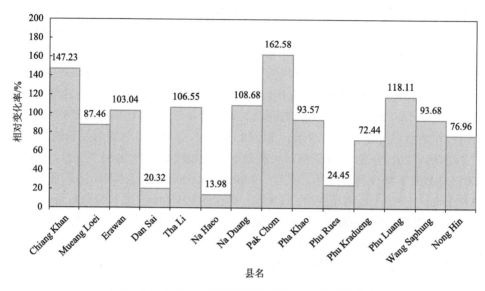

图 12-14　2000～2005 年各县橡胶林利用相对变化率

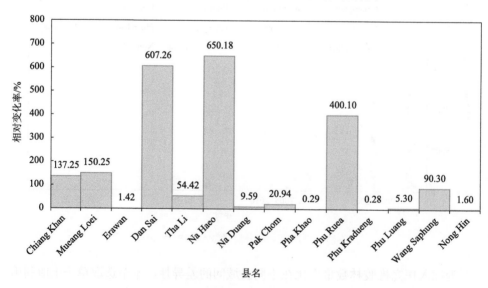

图 12-15　2005～2010 年各县橡胶林利用相对变化率

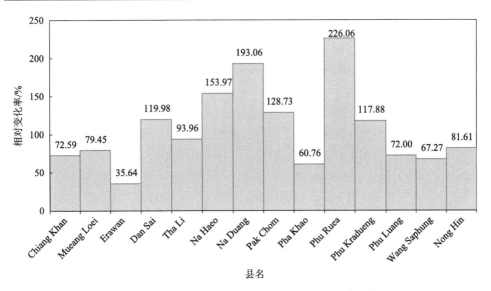

图 12-16　2010~2015 年各县橡胶林利用相对变化率

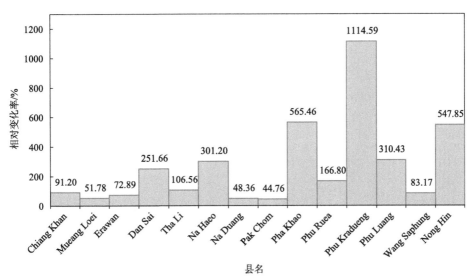

图 12-17　2015~2019 年各县橡胶林利用相对变化率

其次为 Dan Sai 县和 Phu Ruea 县，相对变化率分别达到 607.26%和 400.10%。Phu Kradueng 县和 Pha Khao 县的橡胶林扩张速度最慢，相对变化率仅为 0.28%和 0.29%。由图 12-16 可知，2010~2015 年 Na Haeo 县、Na Duang 县和 Phu Ruea 县的橡胶种植面积继续保持较高的扩张速度，相对变化率分别为 153.97%、193.06%和 226.06%。此外，Dan Sai 县、Pak Chom 县和 Phu Kradueng 县的相对

变化率也超过了 100%。由图 12-17 可知，2015~2019 年 Dan Sai 县、Na Haeo 县和 Phu Ruea 县的橡胶种植面积依然保持较高的扩张速度，相对变化率分别为 251.66%、301.20%和 166.80%。Phu Kradueng 县达到了最快的橡胶林扩张速度，相对变化率为 1114.59%。

在 2000~2005 年、2005~2010 年、2010~2015 年和 2015~2019 年 4 个时间段内，Chiang Khan 县的橡胶林扩张速度均保持在 72%以上，表明 Chiang Khan 县的橡胶林面积在 2000~2019 年保持稳定增长。在 2005~2010 年、2010~2015 年和 2015~2019 年 3 个时间段内，Dan Sai 县、Na Haeo 县和 Phu Ruea 县的橡胶林面积扩张速度均保持在 100%以上，表明这 3 个县的橡胶林在 2005~2019 年保持稳定增长。综上可知，黎府不同县橡胶林的土地利用在数量方面具有明显的区域差异性。

12.3.3　橡胶林种植海拔分布特征

为分析橡胶林在地形上的时空扩张过程，以橡胶林的种植年空间分布信息为基础，利用 ArcGIS 10.2 软件提取了研究区 2000 年、2005 年、2010 年、2015 年和 2019 年 5 个时期的橡胶林种植分布范围，之后利用空间叠加分析和空间统计分析等方法统计了不同时期橡胶林在不同海拔范围内的种植面积，以分析橡胶林在海拔上的分布特征。

2000~2019 年研究区橡胶种植面积在不同海拔范围内面积变化特征如图 12-18 所示，可知 2000 年橡胶林的主要分布海拔范围为 200~400m，2005 年、2010 年、2015 年和 2019 年橡胶林主要分布于 200~500m 海拔范围内。2000~2005 年

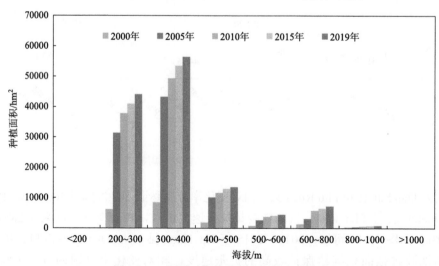

图 12-18　不同时期橡胶林在海拔上的分布

橡胶林增加面积主要集中在 200～400m 海拔范围内。2005～2019 年橡胶林面积增加速率减缓，但在 200～800m 海拔范围内均有增加。不同时期橡胶林的分布特征表明，研究区橡胶林在过去 20 年间主要从低海拔地区向高海拔地区扩张。

12.3.4　橡胶林种植对土地利用的侵占

研究区橡胶林初始土地状态类型识别结果分布如图 12-19 所示。基于对 Google Earth 历史高清影像的判读，获取橡胶林初始土地状态验证数据，利用混淆矩阵对研究区橡胶林的初始土地状态识别结果进行精度验证，验证结果如表 12-5 所示。

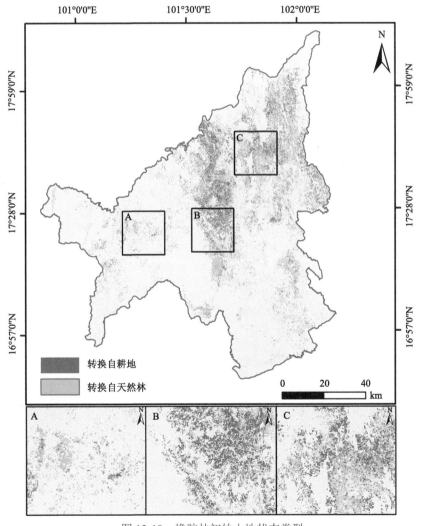

图 12-19　橡胶林初始土地状态类型

表 12-5　橡胶林初始土地状态类型验证结果

项目	天然林	耕地	总计	生产者精度/%
天然林	776	189	965	80.41
耕地	178	628	806	77.92
总计	954	817	1771	
用户精度/%	81.34	76.87		

其中，天然林和耕地的生产者精度分别为 80.41% 和 77.92%，用户精度分别为 81.34% 和 76.87%，识别结果的总体精度为 0.7928。总体来讲，橡胶林初始土地状态识别结果具有较好的估计精度。

统计 2000～2018 年每年橡胶林初始土地状态识别结果中天然林和耕地的像素点，进一步计算面积，结果如图 12-20 所示。可知 2000～2018 年研究区新增的橡胶林多数由耕地转换而来，占总面积的 54.81%（61708.75 hm²），其余 45.19% 的橡胶林由天然林转换而来（50871.24 hm²）。其中，2004 年之前的橡胶林主要由耕地转换而来；随着时间的推移，天然林转换为橡胶林的比例开始上升，2005～2007 年天然林转换为橡胶林的面积均大于耕地转换为橡胶林的面积。2013～2017 年（除 2015 年外）由天然林转换为橡胶林的面积依然大于由耕地转换为橡胶林的面积。

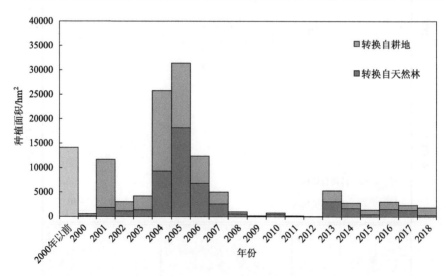

图 12-20　橡胶林初始土地状态统计

为深入分析橡胶林对周围土地的侵占，本节进一步统计了 2000～2005 年、2005～2010 年、2010～2015 年和 2015～2018 年 4 个时间段内天然林和耕地转换为橡胶林的面积，结果如图 12-21 所示。可知 2000～2005 年，橡胶林主要靠侵占耕地面积获得扩张，侵占的耕地面积为 44701.33hm²；该时间段内对天然林的侵占面积低于对耕地的侵占面积，为 31886.08hm²。2005～2010 年和 2010～2015 年，橡胶林对天然林的侵占面积大于耕地。其中，2005～2010 年和 2010～2015 侵占的天然林面积分别为 10424.40hm² 和 5384.60hm²，侵占的耕地面积分别为 8777.73hm² 和 4261.56hm²。2015～2018 年，橡胶林对耕地的侵占再次超过对天然林的侵占，侵占耕地 3968.13hm²，侵占天然林 3176.16hm²。

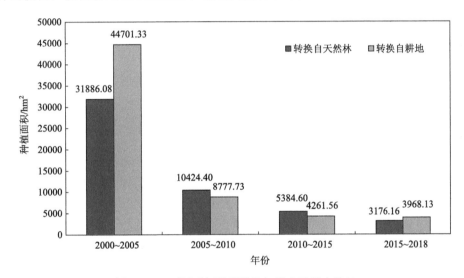

图 12-21　不同时间段橡胶林初始土地状态统计

12.4　讨　　论

12.4.1　方法优势

shapelets 长度短且可解释性较强，将其作为时间序列特征得到了广泛认可。基于 shapelets 的时间序列变化检测方法关注橡胶林从砍伐到种植一段时间内的 NDVI 变化事件，不考虑单个时间点上云噪声等对 NDVI 值的影响，从而产生更可靠的识别结果。shapelets 作为 NDVI 完整时间序列中最具有代表性的有时间顺序的连续子序列，为橡胶林的种植活动提供了可解释的时间特征。基于 shapelets 方法类似于其他时间分割技术，如基于 Landsat 的 LandTrendr 算法(Kennedy et al., 2010; 沈文娟和李明诗, 2017)以及 VCT 算法(Huang et al., 2010)。但 LandTrendr 和 VCT 算法只能识别宽泛的干扰强度事件，尤其是 VCT 算法只能识别有限的干扰强度，对一些低密度的干扰难以识别。若需要识别特定的扰动类型，LandTrendr和VCT算法都需要输入训练样本（Grogan et al., 2015）。与以上两种算法相反的是，基于 shapelets 的算法可以忽略云等无关因素，从而可以忽略噪声的变化类型，专注于只检测一种特定的变化类型，即天然林（或耕地）转化为橡胶林。此外，shapelet算法只需设定三个参数：①最小的 shapelet 宽度；②配对样本 t 检验的阈值；③"初始 NDVI"（$NDVI_{initial}$）阈值，而不需要输入训练样本，识别过程更加简单。

12.4.2 橡胶林扩张主要驱动因素

橡胶林的快速扩张与国际橡胶市场价格变化有密切关系。图 12-22 为 1999～2018 年泰国天然橡胶价格变化趋势图（Food and Agriculture Organization of the United Nations, 2019）。可知 1999～2018 年泰国橡胶价格呈先增长、后降低的趋势，在 2011 年达到峰值。其中，1999～2011 年泰国橡胶价格总体呈上涨趋势，较 1999 年增加 8.5 倍，仅在 2009 年有所下降。2011～2015 年天然橡胶价格持续下降。2015～2018 年橡胶林价格小幅度波动。

2003 年前天然橡胶价格缓慢上升，橡胶林种植面积增加较少；2003 年开始至 2008 年，天然橡胶价格上涨速率增加，橡胶林也随之出现大面积扩张，新增种植面积为 $7.55×10^4 hm^2$。自 2011 年开始，天然橡胶价格开始下降，橡胶林种植面积仅增加了 $1.66×10^4 hm^2$。橡胶林种植面积与天然橡胶价格之间具有较强的相关性（图 12-23），相关系数达 0.61。

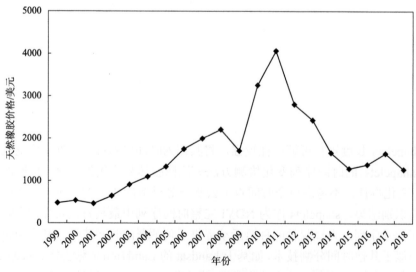

图 12-22　1999～2018 年泰国天然橡胶价格变化趋势

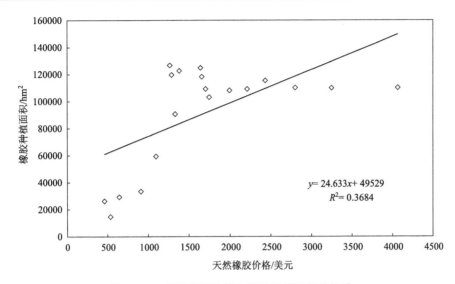

图 12-23　天然橡胶价格与橡胶种植面积的关系

　　受经济利益驱动，泰国政府也积极鼓励和支持橡胶林种植，以提高橡胶的总产量，增加农民的可持续收入。2004～2006 年政府大力推广期间，研究区的橡胶林种植面积出现了最大幅度的增加。政府的推广橡胶林种植计划已导致泰国东北部大量土地，尤其是水稻种植区转换为单一的橡胶林，由此带来的生态环境影响值得进一步深入探究。

12.5　本 章 小 结

　　本章基于 Landsat NDVI 年际序列，通过递归发现 NDVI 时间序列中最具有代表性的 shapelet，并以此构建决策树，识别发生橡胶种植活动的时间序列。进一步在 shapelet 中提取橡胶林的种植年份，并结合 $NDVI_{initial}$ 阈值，识别了转换为橡胶林之前的土地利用类型。该方法受云雨影响较小，能够实现橡胶林种植年份和转换为橡胶林前的土地利用类型的快速有效识别。研究表明，发生橡胶种植活动的 NDVI 时间序列的 shapelet 与 non-shapelet 部分差异显著，t^* 明显大于阈值(t^*=2.552)，而完整持续 20 年的橡胶林和包含云噪声的 NDVI 时间序列的 shapelet 的 NDVI 值与 non-shapelet 的 NDVI 值差异很小，t^* 统计值都小于阈值。shapelet 的 PTI≤3 和 SB=0.5869 是区分橡胶林初始土地状态(天然林和耕地)的有效指标。基于 shapelet 算法得到的橡胶林种植年份自动识别结果具有良好的估计精度，总体精度为 0.8265，Kappa 系数为 0.7816。1～5 年、6～11 年、12～

15 年、16～19 年和≥20 年组的制图精度分别为 82.70%、82.69%、81.05%、80.26% 和 89.01%，用户精度分别为 84.50%、78.96%、80.61%、86.74%和 82.94%。研究区橡胶林初始土地状态识别结果具有较好的估计精度，天然林和耕地的制图精度分别为 80.41%和 77.92%，用户精度分别为 81.34%和 76.87%，总体精度为 0.7928。

参 考 文 献

管续栋, 黄翀, 刘高焕, 等. 2014. 基于 DTW 距离的时序相似性方法提取水稻遥感信息——以泰国为例. 资源科学, 36(2): 267-272.

郭童英, 尤红建. 2007. 一种基于小波融合的多时相遥感图像去云方法. 测绘通报, 53(3): 40-42.

胡玉福, 邓良基, 匡先辉, 等. 2011. 基于纹理特征的高分辨率遥感图像土地利用分类研究. 地理与地理信息科学, 27(5): 42-45, 68.

胡云, 李盘荣. 2006. 一种改进的种子填充算法. 安庆师范学院学报(自然科学版), 25(1): 55-56.

姜侯, 吕宁, 姚凌. 2016. 改进 HOT 法的 Landsat 8 OLI 遥感影像雾霾及薄云去除. 遥感学报, 20(4): 620-631.

李存军, 刘良云, 王纪华, 等. 2006. 基于 Landsat 影像自身特征的薄云自动探测与去除. 浙江大学学报(工学版), 40(1): 10-13.

李俐, 孔庆玲, 王鹏新, 等. 2018. 基于时间序列 Sentinel-1A 数据的玉米种植面积监测研究. 资源科学, 40(8): 1608-1621.

李智峰, 朱谷昌, 董泰锋. 2011. 基于灰度共生矩阵的图像纹理特征地物分类应用. 地质与勘探, 47(3): 456-461.

梁栋, 孔颉, 胡根生, 等. 2012. 基于支持向量机的遥感影像厚云及云阴影去除. 测绘学报, 41(2): 225-231.

梁守真, 施平, 邢前国. 2011. MODIS NDVI 时间序列数据的去云算法比较. 国土资源遥感, 23(1): 33-36.

马超, 郭增长, 张晓克. 2011. 一种 NDVI 时间序列离散 Fourier 重建方法. 测绘科学技术学报, 28(5): 347-350, 355.

米雪婷, 孙林, 韦晶, 等. 2016. 基于多时相遥感数据的云阴影检测算法. 山东科技大学学报(自然科学版), 35(2): 64-72.

苗翠翠, 江南, 彭世揆, 等. 2011. 基于 NDVI 时序数据的水稻种植面积遥感监测分析: 以江苏省为例. 地球信息科学学报, 13(2): 273-280.

庞敏. 2019. 基于 LSTM 混合模型的时间序列预测. 武汉: 华中科技大学.

沈金祥, 季漩. 2016. 遥感影像云及云影多特征协同检测方法. 地球信息科学学报, 18(5): 599-605.

沈文娟, 李明诗. 2017. 基于长时间序列 Landsat 影像的南方人工林干扰与恢复制图分析. 生态学报, 37(5): 1438-1449.

宋晓宇, 刘良云, 李存军, 等. 2006. 基于单景遥感影像的去云处理研究. 光学技术, 32(2): 299-303.

王凌, 赵庚星, 姜远茂, 等. 2016. 利用阴影指数和方位搜索法检测 Landsat 8 OLI 影像中云影. 遥感学报, 20(6): 1461-1469.

王睿, 韦春桃, 马云栋, 等. 2015. 基于 BP 神经网络的 Landsat 影像去云方法. 桂林理工大学学报, 35(3): 535-539.

杨珺雯, 张锦水, 朱秀芳, 等. 2015. 随机森林在高光谱遥感数据中降维与分类的应用. 北京师范大学学报(自然科学版), 51(S1): 82-88.

杨丽, 吴雨茜, 王俊丽, 等. 2018. 循环神经网络研究综述. 计算机应用, 38(A2): 1-6.

赵红伟, 陈仲新, 刘佳. 2020. 深度学习方法在作物遥感分类中的应用和挑战. 中国农业资源与区划, 41(2): 35-49.

周伟, 关键, 姜涛, 等. 2012. 多光谱遥感影像中云影区域的检测与修复. 遥感学报, 16(1): 132-142.

左明. 2002. 泰国农业考察报告. 广西农学报, 2: 60-62.

Aghabozorgi S, Shirkhorshidi A S, Wah T Y. 2015. Time-series clustering–a decade review. Information Systems, 53: 16-38.

Azzali S, Menenti M. 2000. Mapping vegetation-soil-climate complexes in southern Africa using temporal Fourier analysis of NOAA-AVHRR NDVI data. International Journal of Remote Sensing, 21(5): 973-996.

Bagnall A, Lines J, Bostrom A, et al. 2017. The great time series classification bake off: A review and experimental evaluation of recent algorithmic advances. Data Mining and Knowledge Discovery, 31(3): 606-660.

Beck P S A, Atzberger C, Høgda K A, et al. 2005. Improved monitoring of vegetation dynamics at very high latitudes: A new method using MODIS NDVI. Remote Sensing of Environment, 100(3): 321-334.

Belgiu M, Csillik O. 2018. Sentinel-2 cropland mapping using pixel-based and object-based time-weighted dynamic time warping analysis. Remote Sensing of Environment, 204: 509-523.

Belgiu M, Drăguţ L. 2016. Random forest in remote sensing: A review of applications and future directions. ISPRS Journal of Photogrammetry and Remote Sensing, 114: 24-31.

Benedetti P, Ienco D, Gaetano R, et al. 2018. A deep learning architecture for multiscale multimodal multitemporal satellite data fusion. IEEE Journal of Selected Topics in Applied Earth Observations and Remote Sensing, 11(12): 4939-4949.

Berndt D J, Clifford J. 1994. Using dynamic time warping to find patterns in time series. KDD Workshop, 10(16): 359-370.

Blaschke T, Hay G J, Kelly M, et al. 2014. Geographic object-based image analysis–towards a new paradigm. ISPRS Journal of Photogrammetry and Remote Sensing, 87: 180-191.

Boles S H, Xiao X, Liu J, et al. 2004. Land cover characterization of Temperate East Asia using multi-temporal VEGETATION sensor data. Remote Sensing of Environment, 90(4): 477-489.

Bolyn C, Michez A, Gaucher P. 2018. Forest mapping and species composition using supervised per pixel classification of Sentinel-2 imagery.Biotechnology. Agronomy and Society and Environment, 22(2):1-16.

Braaten J D, Cohen W B, Yang Z. 2015. Automated cloud and cloud shadow identification in Landsat MSS imagery for temperate ecosystems. Remote Sensing of Environment, 169: 128-138.

Breiman L. 2001. Random forests. Machine Learning, 45(1): 5-32.

Broge N H, Mortensen J V.2002.Deriving green crop area index and canopy chlorophyll density of winter wheat from spectral reflectance data.Remote Sensing of Environment, 81(1):45-57.

Brown J C, Kastens J H, Coutinho A C, et al. 2013. Classifying multiyear agricultural land use data from Mato Grosso using time-series MODIS vegetation index data. Remote Sensing of Environment, 130: 39-50.

Bruce L M, Mathur A, Jr Byrd J D. 2006. Denoising and wavelet-based feature extraction of MODIS multi-temporal vegetation signatures. GIScience & Remote Sensing, 43(1): 67-77.

Burt J E, Barber G M, Rigby D L. 2009. Elementary Statistics for Geographers. New York: Guilford Press.

Busetto L, Meroni M, Colombo R. 2008. Combining medium and coarse spatial resolution satellite data to improve the estimation of sub-pixel NDVI time series. Remote Sensing of Environment, 112(1): 118-131.

Canisius F, Turral H, Molden D. 2007. Fourier analysis of historical NOAA time series data to estimate bimodal agriculture. International Journal of Remote Sensing, 28(24): 5503-5522.

Cao H, Liu J, Chen J, et al. 2019. Spatiotemporal patterns of urban land use change in typical cities in the greater Mekong subregion (GMS). Remote Sensing, 11(7): 801.

Chance C M, Hermosilla T, Coops N C, et al. 2016. Effect of topographic correction on forest change detection using spectral trend analysis of Landsat pixel-based composites. International Journal of Applied Earth Observation and Geoinformation, 44: 186-194.

Chatziantoniou A, Psomiadis E, Petropoulos G P. 2017. Co-Orbital Sentinel 1 and 2 for LULC mapping with emphasis on wetlands in a mediterranean setting based on machine learning. Remote Sensing, 9(12): 1259.

Chen D, Stow D A, Gong P. 2004. Examining the effect of spatial resolution and texture window size on classification accuracy: An urban environment case. International Journal of Remote Sensing, 25(11): 2177-2192.

Chen J, Chen J. 2018. GlobeLand30: Operational global land cover mapping and big-data analysis. Science China Earth Sciences, 61: 1533-1534.

Chen J, Chen J, Liao A, et al. 2015. Global land cover mapping at 30 m resolution: A POK-based operational approach. ISPRS Journal of Photogrammetry and Remote Sensing, 103: 7-27.

Chen J, Jönsson P, Tamura M, et al. 2004. A simple method for reconstructing a high-quality NDVI time-series data set based on the Savitzky–Golay filter. Remote Sensing of Environment, 91(3): 332-344.

Chen P H, Lin C J, Schölkopf B. 2005. A tutorial on v-support vector machines. Applied Stochastic Models in Business and Industry, 21 (2): 111-136.

Chen Y, Lin Z, Zhao X, et al. 2014. Deep learning-based classification of hyperspectral data. IEEE Journal of Selected Topics in Applied Earth Observations and Remote Sensing, 7(6): 2094-2107.

Clauss K, Ottinger M, Leinenkugel P, et al. 2018. Estimating rice production in the Mekong Delta, Vietnam, utilizing time series of Sentinel-1 SAR data. International. Journal of Applied Earth Observation and Geoinformation, 73: 574-585.

Clerici N, Valbuena Calderón C A, Posada J M. 2017. Fusion of Sentinel-1A and Sentinel-2A data for land cover mapping: A case study in the lower Magdalena region, Colombia. Journal of Maps, 13 (2): 718-726.

Cobbinah P B, Erdiaw-Kwasie M O, Amoateng P. 2015. Africa's urbanisation: Implications for sustainable development. Cities, 47: 62-72.

Coburn C A, Roberts A C B. 2004. A multiscale texture analysis procedure for improved forest stand classification. International Journal of Remote Sensing, 25 (20): 4287-4308.

Corbane C, Politis P, Syrris V, et al. 2018. GHS built-up grid, derived from Sentinel-1 (2016), R2018A. http: //data. europa. eu/89h/jrc-ghsl-10008[2021-10-8].

Csillag F, Kabos S. 1996. Hierarchical decomposition of variance with applications in environmental mapping based on satellite images. Mathematical Geology, 28 (4): 385-405.

DeFries R S, Hansen M C, Townshend J R G. 1995.Global discrimination of land cover types from metrics derived from AVHRR pathfinder data. Remote Sensing of Environment, 54: 209-222.

DeFries R S, Townshend J R G. 1994. NDVI-derived land cover classification at a global scale. International Journal of Remote Sensing, 15 (17): 3567-3586.

Deng C, Wu C. 2013. The use of single-date MODIS imagery for estimating large-scale urban impervious surface fraction with spectral mixture analysis and machine learning techniques. ISPRS Journal of Photogrammetry and Remote Sensing, 86: 100-110.

Desclée B, Bogaert P, Defourny P. 2006. Forest change detection by statistical object-based method. Remote Sensing of Environment, 102 (1-2): 1-11.

DeVries B, Decuyper M, Verbesselt J, et al. 2015. Tracking disturbance-regrowth dynamics in tropical forests using structural change detection and Landsat time series. Remote Sensing of Environment, 169: 320-334.

Devries B, Verbesselt J, Kooistra L, et al. 2015. Robust monitoring of small-scale forest disturbances in a tropical montane forest using Landsat time series. Remote Sensing of Environment, 161: 107-121.

Dian Y, Li Z, Pang Y. 2015. Spectral and texture features combined for forest tree species classification with airborne hyperspectral imagery. Journal of the Indian Society of Remote Sensing, 43 (1): 101-107.

Dong J, Xiao X, Chen B, et al. 2013. Mapping deciduous rubber plantations through integration of PALSAR and multi-temporal Landsat imagery. Remote Sensing of Environment, 134: 392-402.

Drusch M, Del Bello U, Carlier S, et al. 2012. Sentinel-2: ESA's optical high-resolution mission for GMES operational services. Remote Sensing of Environment, 120: 25-36.

Fan H. 2013. Land-cover mapping in the Nujiang Grand Canyon: Integrating spectral, textural, and topographic data in a random forest classifier. International Journal of Remote Sensing, 34 (21): 7545-7567.

Fauvel M, Chanussot J, Benediktsson J A. 2006. Decision fusion for the classification of urban remote sensing images. IEEE Transactions on Geoscience and Remote Sensing, 44 (10): 2828-2838.

Fei W, Zhao S. 2019. Urban land expansion in China's six megacities from 1978 to 2015. Science of The Total Environment ,664:60-71.

Féret J B, Asner G P. 2012. Tree species discrimination in tropical forests using airborne imaging spectroscopy. IEEE Transactions on Geoscience and Remote Sensing, 51 (1): 73-84.

Foga S, Scaramuzza P L, Guo S, et al. 2017. Cloud detection algorithm comparison and validation for operational Landsat data products. Remote Sensing of Environment, 194: 379-390.

Food and Agriculture Organization of the United Nations (FAO), 2019. Retrieved May 1, 2020. https://www.fao.org/faostat/en/#data [2022-9-30].

Fox J, Castella J C. 2013. Expansion of rubber (Hevea brasiliensis) in Mainland Southeast Asia: what are the prospects for smallholders . The Journal of Peasant Studies, 40 (1): 155-170.

Franklin S E, Ahmed O S, Wulder M A, et al. 2015. Large area mapping of annual land cover dynamics using multitemporal change detection and classification of Landsat time series data. Canadian Journal of Remote Sensing, 41: 293-314.

Friedl M A, Brodley C E, Strahler A H. 1999. Maximizing land cover classification accuracies produced by decision trees at continental to global scales. IEEE Transactions on Geoscience and Remote Sensing, 37 (2): 969-977.

Friedl M A, McIver D K, Hodges J C F, et al. 2002. Global land cover mapping from MODIS: Algorithms and early results. Remote Sensing of Environment, 83 (1-2): 287-302.

Gao B C. 1996. NDWI--a normalized difference water index for remote sensing of vegetation liquid water from space. Remote Sensing of the Environment 58: 257-266.

Geerken R, Zaitchik B, Evans J P. 2005. Classifying rangeland vegetation type and coverage from NDVI time series using Fourier Filtered Cycle Similarity. International Journal of Remote Sensing, 26 (24): 5535-5554.

George R, Padalia H, Kushwaha S. 2014. Forest tree species discrimination in western Himalaya using EO-1 Hyperion. International Journal of Applied Earth Observation and Geoinformation, 28: 140-149.

Gislason P O, Benediktsson J A, Sveinsson J R. 2006. Random forests for land cover classification.

Pattern Recognition Letters, 27(4): 294-300.

Gitelson A ,Merzlyak M N .1994. Quantitative estimation of chlorophyll-a using reflectance spectra: Experiments with autumn chestnut and maple leaves. Journal of Photochemistry and Photobiology B: Biology,22(3):247-252.

Gobron N, Pinty B, Verstraete M M, et al. 2000. Development of Spectral Indices Optimized for the VEGETATION Instrument. Belgirate: Proceedings of VEGETATION 2000.

Gong P, Li X, Wang J, et al. 2020. Annual maps of global artificial impervious area (GAIA) between 1985 and 2018. Remote Sensing of Environment, 236: 111510.

Gong P, Liu H, Zhang M. 2019. Stable classification with limited sample: Transferring a 30-m resolution sample set collected in 2015 to mapping 10-m resolution global land cover in 2017. Chinese Science Bulletin, 64(6): 370-373.

Gong P, Wang J, Yu L, et al. 2013. Finer resolution observation and monitoring of global land cover: First mapping results with Landsat TM and ETM+ data. International Journal of Remote Sensing, 34(7): 2607-2654.

Goodfellow I, Bengio Y, Courville A. 2016. Deep Learning. Cambridge: MIT Press.

Gopal S, Woodcock C. 1996. Remote sensing of forest change using artificial neural networks. IEEE Transactions on Geoscience and Remote Sensing, 34(2): 398-404.

Goward S N, Markham B, Dye D G, et al. 1991. Normalized difference vegetation index measurements from the Advanced Very High Resolution Radiometer. Remote Sensing of Environment, 35(2-3): 257-277.

Grabocka J, Schilling N, Wistuba M, et al. 2014. Learning time-series shapelets. Stuttgart: University of Hildesheim.

Griffiths P, Kuemmerle T, Kennedy R E, et al. 2012. Using annual time-series of Landsat images to assess the effects of forest restitution in post-socialist Romania. Remote Sensing of Environment, 118: 199-214.

Grogan K, Pflugmacher D, Hostert P, et al. 2015. Cross-border forest disturbance and the role of natural rubber in mainland Southeast Asia using annual Landsat time series. Remote Sensing of Environment, 169: 438-453.

Guan X, Huang C, Liu G, et al. 2016. Mapping rice cropping systems in Vietnam using an NDVI-based time-series similarity measurement based on DTW distance. Remote Sensing, 8: 19.

Guan X, Liu G, Huang C, et al. 2018. An open-boundary locally weighted dynamic time warping method for cropland mapping. ISPRS International Journal of Geo-Information, 7: 75.

Gutiérrez-Vélez V H, DeFries R. 2013. Annual multi-resolution detection of land cover conversion to oil palm in the Peruvian Amazon. Remote Sensing of Environment, 129: 154-167.

Hagolle O, Huc M, Pascual D V, et al. 2010. A multi-temporal method for cloud detection, applied to FORMOSAT-2, VENμS, LANDSAT and SENTINEL-2 images. Remote Sensing of

Environment, 114: 1747-1755.

Hansen M C, DeFries R S, Townshend J R G, et al. 2002. Towards an operational MODIS continuous field of percent tree cover algorithm: Examples using AVHRR and MODIS data. Remote Sensing of Environment, 83(1-2): 303-319.

Hansen M C, Egorov A, Roy D P, et al. 2011. Continuous fields of land cover for the conterminous United States using Landsat data: First results from the Web-Enabled Landsat Data (WELD) project. Remote Sensing Letters, 2(4): 279-288.

Hansen M C, Potapov P V, Moore R, et al. 2013. High-resolution global maps of 21st-century forest cover change. Science, 342(6160): 850-853.

Haralick R M. 1979. Statistical and structural approaches to texture. Proceedings of the IEEE, 67(5): 786-804.

Haralick R M, Shanmugam K, Dinstein I H. 1973. Textural features for image classification. IEEE Transactions on Systems, Man, and Cybernetics, 1973(6): 610-621.

Hermosilla T, Wulder M A, White J C, et al. 2015. Regional detection, characterization, and attribution of annual forest change from 1984 to 2012 using Landsat-derived time-series metrics. Remote Sensing of Environment, 170: 121-132.

Herold M, Mayaux P, Woodcock C E, et al. 2008. Some challenges in global land cover mapping: An assessment of agreement and accuracy in existing 1 km datasets. Remote Sensing of Environment, 112(5): 2538-2556.

Hilker T, Wulder M A, Coops N C, et al. 2009. A new data fusion model for high spatial-and temporal resolution mapping of forest disturbance based on Landsat and MODIS. Remote Sensing of Environment, 113: 1613-1627.

Huang B, Zhao B, Song Y. 2018. Urban land-use mapping using a deep convolutional neural network with high spatial resolution multispectral remote sensing imagery. Remote Sensing of Environment, 214: 73-86.

Huang C, Goward S N, Masek J G, et al. 2010. An automated approach for reconstructing recent forest disturbance history using dense Landsat time series stacks. Remote Sensing of Environment, 114: 183-198.

Huang C, Goward S N, Schleeweis K, et al. 2009. Dynamics of national forests assessed using the Landsat record: Case studies in eastern United States. Remote Sensing of Environment, 113: 1430-1442.

Huang C, Zhang C, He Y, et al. 2020. Land cover mapping in cloud-prone tropical areas using Sentinel-2 data: Integrating spectral features with NDVI temporal dynamics. Remote Sensing, 12: 1163.

Huete A, Didan K, Miura T, et al. 2002. Overview of the radiometric and biophysical performance of the MODIS vegetation indices. Remote Sensing of Environment, 83(1-2): 195-213.

Ienco D, Gaetano R, Dupaquier C, et al. 2017. Land cover classification via multitemporal spatial data by deep recurrent neural networks. IEEE Geoscience and Remote Sensing Letters, 14(10): 1685-1689.

Immitzer M, Vuolo F, Atzberger C. 2016. First experience with Sentinel-2 data for crop and tree species classifications in central Europe. Remote Sensing, 8: 166.

Inglada J, Vincent A, Arias M, et al. 2016. Improved early crop type identification by joint use of high temporal resolution SAR and optical image time series. Remote Sensing, 8(5): 362.

Inglada J, Vincent A, Arias M, et al. 2017. Operational high resolution land cover map production at the country scale using satellite image time series. Remote Sensing, 9: 95.

Interdonato R, Ienco D, Gaetano R, et al. 2019. DuPLO: A DUal view point deep learning architecture for time series classification. ISPRS Journal of Photogrammetry and Remote Sensing, 149: 91-104.

Jain A K, Murty M N, Flynn P J. 1999. Data clustering: A review. ACM Computing Surveys, 31(3): 264-323.

Jakubauskas M E, Legates D R, Kastens J H. 2002. Crop identification using harmonic analysis of time-series AVHRR NDVI data. Computers and Electronics in Agriculture, 37(1-3): 127-139.

Ji S, Zhang C, Xu A, et al. 2018. 3D convolutional neural networks for crop classification with multi-temporal remote sensing images. Remote Sensing, 10: 75.

Jia K, Liang S, Zhang N, et al. 2014. Land cover classification of finer resolution remote sensing data integrating temporal features from time series coarser resolution data. ISPRS Journal of Photogrammetry and Remote Sensing, 93: 49-55.

Jiao L. 2015. Urban land density function: A new method to characterize urban expansion. Landscape and Urban Planning, 139: 26-39.

Justice C O, Townshend J R G, Holben B N, et al. 1985. Analysis of the phenology of global vegetation using meteorological satellite data. International Journal of Remote Sensing, 6(8): 1271-1318.

Justice C O, Townshend J R G, Kalb V L. 1991. Representation of vegetation by continental data sets derived from NOAA-AVHRR data. International Journal of Remote Sensing, 12(5): 999-1021.

Kayastha N, Thomas V, Galbraith J, et al. 2012. Monitoring wetland change using inter-annual Landsat time-series data. Wetlands, 32: 1149-1162.

Kennedy R E, Cohen W B, Schroeder T A. 2007. Trajectory-based change detection for automated characterization of forest disturbance dynamics. Remote Sensing of Environment, 110: 370-386.

Kennedy R E, Yang Z, Braaten J, et al. 2015. Attribution of disturbance change agent from Landsat time-series in support of habitat monitoring in the Puget Sound region, USA. Remote Sensing of Environment, 166: 271-285.

Kennedy R E, Yang Z, Cohen W B, et al. 2012. Spatial and temporal patterns of forest disturbance and regrowth within the area of the Northwest Forest Plan. Remote Sensing of Environment, 122: 117-133.

Kennedy R E, Yang Z, Cohen W B. 2010. Detecting trends in forest disturbance and recovery using yearly Landsat time series: 1. LandTrendr-Temporal segmentation algorithms. Remote Sensing of Environment, 114: 2897-2910.

Keogh E, Kasetty S. 2003. On the need for time series data mining benchmarks: A survey and empirical demonstration. Data Mining and Knowledge Discovery, 7(4): 349-371.

Kuang W, Chi W, Lu D, et al. 2014. Arative analysis of megacity expansions in China and the US: Patterns, rates and driving forces. Landscape and Urban Planning, 132: 121-135.

Kuenzer C, Leinenkugel P, Vollmuth M, et al. 2014. Comparing global land-cover products-implications for geoscience applications: An investigation for the trans-boundary Mekong Basin. International Journal of Remote Sensing, 35(8): 2752-2779.

Kussul N, Lavreniuk M, Shumilo L. 2020. Deep Recurrent Neural Network for Crop Classification Task Based on Sentinel-1 and Sentinel-2 Imagery. IGARSS 2020-2020 IEEE International Geoscience and Remote Sensing Symposium.

Kussul N, Lavreniuk M, Skakun S, et al. 2017. Deep learning classification of land cover and crop types using remote sensing data. IEEE Geoscience and Remote Sensing Letters, 14(5): 778-782.

Kwak G H, Park C W, Ahn H Y, et al. 2020. Potential of bidirectional long short-term memory networks for crop classification with multitemporal remote sensing images. Korean Journal of Remote Sensing, 36(4): 515-525.

Lakshminarayanan S K, McCrae J P. 2019. A Comparative Study of SVM and LSTM Deep Learning Algorithms for Stock Market Prediction. AICS, 446-457.

Lasko K, Vadrevu K P, Tran V T, et al. 2018. Mapping double and single crop paddy rice with Sentinel-1A at varying spatial scales and polarizations in Hanoi, Vietnam. IEEE Journal of Selected Topics in Applied Earth Observations and Remote Sensing, 11(2): 498-512.

LeCun Y, Bengio Y, Hinton G. 2015. Deep learning. Nature, 521(7553): 436-444.

Leuning R, Cleugh H A, Zegelin S J, et al. 2005. Carbon and water fluxes over a temperate Eucalyptus forest and a tropical wet/dry savanna in Australia: Measurements and comparison with MODIS remote sensing estimates. Agricultural and Forest Meteorology, 129(3-4): 151-173.

Lhermitte S, Verbesselt J, Jonckheere J, et al. 2008. Hierarchical image segmentation based on similarity of NDVI time series. Remote Sensing of Environment, 112(2): 506-521.

Lhermitte S, Verbesselt J, Verstraeten W, et al. 2011. A comparison of time series similarity measures for classification and change detection of ecosystem dynamics. Remote Sensing of Environment, 115: 3129-3152.

Li M, Ma L, Blaschke T, et al. 2016. A systematic comparison of different object-based classification techniques using high spatial resolution imagery in agricultural environments. International Journal of Applied Earth Observation and Geoinformation, 49: 87-98.

Li X, Zhou Y, Zhu Z, et al. 2018. Mapping annual urban dynamics (1985–2015) using time series of

Landsat data. Remote Sensing of Environment, 216: 674-683.

Li Z, Fox J M. 2012. Mapping rubber tree growth in mainland Southeast Asia using time-series MODIS 250 m NDVI and statistical data. Applied Geography, 32(2): 420-432.

Liu H Q, Huete A A. 1995. Feedback based modification of the NDVI to minimize canopy background and atmospheric noise. IEEE Transaction on Geoscience and Remote Sensing, 33: 457-465.

Liang H, Li Q. 2016. Hyperspectral imagery classification using sparse representations of convolutional neural network features. Remote Sensing, 8: 99.

Liang S. 2008. Advances in Land Remote Sensing System, Modeling Inversion and Application. Dordrecht: Springer.

Liao T W. 2005. Clustering of time series data—a survey. Pattern Recognition, 38(11): 1857-1874.

Lichtenthaler H K. 1996. Vegetation Stress: an Introduction to the Stress Concept in Plants.Journal of Plant Physiology,148(1): 4-14.

Lin Y, Zhang H, Lin H, et al. 2020. Incorporating synthetic aperture radar and optical images to investigate the annual dynamics of anthropogenic impervious surface at large scale. Remote Sensing of Environment, 242: 111757.

Liu X, Hu G, Chen Y, et al. 2018. High-resolution multi-temporal mapping of global urban land using Landsat images based on the Google Earth Engine Platform. Remote Sensing of Environment, 209: 227-239.

Lloyd D. 1990. A phenological classification of terrestrial vegetation cover using shortwave vegetation index imagery. International Journal of Remote Sensing, 11(12): 2269-2279.

Loveland T R, Merchant J W, Ohlen D O, et al. 1991. Development of a land-cover characteristics database for the conterminous US. Photogrammetric Engineering and Remote Sensing, 57: 1453-1463.

Loveland T R, Reed B C, Brown J F, et al. 2000. Development of a global land cover characteristics database and IGBP DISCover from 1 km AVHRR data. International Journal of Remote Sensing, 21(6-7): 1303-1330.

Lu D, Weng Q. 2006. Use of impervious surface in urban land-use classification. Remote Sensing of Environment, 102(1-2): 146-160.

Luo C, Meng S, Hu X, et al. 2020. Cropnet: Deep Spatial-Temporal-Spectral Feature Learning Network for Crop Classification from Time-Series Multi-Spectral Images. Waikoloa: IGARSS 2020-2020 IEEE International Geoscience and Remote Sensing Symposium.

Ma M, Veroustraete F. 2005. Reconstructing pathfinder AVHRR land NDVI time-series data for the Northwest of China. Advances in Space Research, 37(4): 835-840.

Maire G L, François C, Dufrêne E.2004. Towards universal broad leaf chlorophyll indices using PROSPECT simulated database and hyperspectral reflectance measurements. Remote Sensing of Environment, 89(1): 1-28.

Marceau D J, Howarth P J, Dubois J M M, et al. 1990. Evaluation of the grey-level co-occurrence matrix method for land-cover classification using SPOT imagery. IEEE Transactions on Geoscience and Remote Sensing, 28(4): 513-519.

Marcos D, Volpi M, Kellenberger B, et al. 2018. Land cover mapping at very high resolution with rotation equivariant CNNs: Towards small yet accurate models. ISPRS Journal of Photogrammetry and Remote Sensing, 145: 96-107.

Marmanis D, Schindler K, Wegner J D, et al. 2018. Classification with an edge: Improving semantic image segmentation with boundary detection. ISPRS Journal of Photogrammetry and Remote Sensing, 135: 158-172.

Martínez B, Gilabert M A. 2009. Vegetation dynamics from NDVI time series analysis using the wavelet transform. Remote Sensing of Environment, 113(9): 1823-1842.

Martinuzzi S, Gould W A, Ramos GonzáLez O M. 2007. Creating Cloud-free Landsat ETM+ Data Sets in Tropical Landscapes. U. S. Department of Agriculture, Forest Service, International Institute of Tropical Forestry. Washington D C: General Technical Report, IITF-32.

Mauro G. 2020. Rural-urban transition of Hanoi (Vietnam): Using Landsat imagery to map its recent peri-urbanization. ISPRS International Journal of Geo-Information, 9(11): 669.

Maus V, Câmara G, Cartaxo R, et al. 2016. A time-weighted dynamic time warping method for land-use and land-cover mapping. IEEE Journal of Selected Topics in Applied Earth Observations and Remote Sensing, 9(8): 3729-3739.

Mimmack G M, Mason S J, Galpin J S. 2001. Choice of distance matrices in cluster analysis: Defining regions. Journal of Climate, 14(12): 2790-2797.

Minh D H T, Ienco D, Gaetano R, et al. 2018. Deep recurrent neural networks for winter vegetation quality mapping via multitemporal SAR Sentinel-1. IEEE Geoscience and Remote Sensing Letters, 15(3): 464-468.

Mou L, Bruzzone L, Zhu X X. 2018. Learning spectral-spatial-temporal features via a recurrent convolutional neural network for change detection in multispectral imagery. IEEE Transactions on Geoscience and Remote Sensing, 57(2): 924-935.

Mou L, Zhu X X. 2018. RiFCN: Recurrent network in fully convolutional network for semantic segmentation of high resolution remote sensing images. https://arxiv. org/abs/1805. 02091. [2021-10-20].

Nagendra H, Bai X, Brondizio E S, et al. 2018. The urban south and the predicament of global sustainability. Nature Sustainability, 1(7): 341-349.

Niroula G S, Thapa G B. 2005. Impacts and causes of land fragmentation, and lessons learned from land consolidation in South Asia. Land Use Policy, 22(4): 358-372.

Park S Y, Im J, Park S H, et al. 2018. Classification and mapping of paddy rice by combining Landsat and SAR time series data. Remote Sensing, 10(3): 447.

Pelletier C, Valero S, Inglada J, et al. 2016. Assessing the robustness of Random Forests to map land cover with high resolution satellite image time series over large areas. Remote Sensing of Environment, 187: 156-168.

Pelletier C, Webb G I, Petitjean F. 2019. Temporal convolutional neural network for the classification of satellite image time series. Remote Sensing, 11: 523.

Petitjean F, Inglada J, Gançarski P. 2012. Satellite image time series analysis under time warping. IEEE Transactions on Geoscience and Remote Sensing, 50(8): 3081-3095.

Phung D, Huang C R, Rutherford S, et al. 2015. Climate change, water quality, and water-related diseases in the Mekong Delta Basin: A systematic review. Asia-Pacific Journal of Public Health, 27(3): 265-276.

Pickell P D, Hermosilla T, Coops N C, et al. 2014. Monitoring anthropogenic disturbance trends in an industrialized boreal forest with Landsat time series. Remote Sensing Letters, 5: 783-792.

Prabnakorn S, Maskey S, Suryadi F X, et al. 2017. Rice yield in response to climate trends and drought index in the Mun River Basin, Thailand. The Science of the Total Environment, 621: 108-119.

Qin Y, Xiao X, Dong J, et al. 2017. Quantifying annual changes in built-up area in complex urban-rural landscapes from analyses of PALSAR and Landsat images. ISPRS Journal of Photogrammetry and Remote Sensing, 124: 89-105.

Qu Y, Zhao W, Yuan Z, et al. 2020. Crop mapping from Sentinel-1 polarimetric time-series with a deep neural network. Remote Sensing, 12(15): 2493.

Radoux C J, Olsson T S G, Pitt W R, et al. 2016. Identifying interactions that determine fragment binding at protein hotspots. Journal of Medicinal Chemistry, 59: 4314-4325, DOI: 10.1021/acs.jmedchem. 5b01980

Rafiqui P S, Gentile M. 2009. Vientiane. Cities, 26(1): 38-48.

Rahnama M R, Wyatt R, Shaddel L. 2020. A spatial-temporal analysis of urban growth in melbourne; Were local government areas moving toward compact or sprawl from 2001–2016. Applied Geography, 124: 102318.

Ramoelo A, Cho M, Mathieu R, et al. 2015. Potential of Sentinel-2 spectral configuration to assess rangeland quality. Journal of Applied Remote Sensing, 9(1): 094096.

Rapinel S, Mony C, Lecoq L, et al. 2019. Evaluation of Sentinel-2 time-series for mapping floodplain grassland plant communities. Remote Sensing of Environment, 223: 115-129.

Reba M, Seto K C. 2020. A systematic review and assessment of algorithms to detect, characterize, and monitor urban land change. Remote Sensing of Environment, 242: 111739.

Reed B C, Brown J F, Vander Zee D, et al. 1994. Measuring phenological variability from satellite imagery. Journal of Vegetation Science, 5(5): 703-714.

Reiche J, Verbesselt J, Hoekman D, et al. 2015. Fusing Landsat and SAR time series to detect deforestation in the tropics. Remote Sensing of Environment, 156: 276-293.

Ren T, Liu Z, Zhang L, et al. 2020. Early identification of seed maize and common maize production fields using sentinel-2 images. Remote Sensing, 12(13): 2140.

Rodriguez-Galiano V F, Ghimire B, Rogan J, et al. 2012. An assessment of the effectiveness of a random forest classifier for land-cover classification. ISPRS Journal of Photogrammetry and Remote Sensing, 67: 93-104.

Roy D P, Ju J, Kline K, et al. 2010. Web-enabled Landsat Data (WELD): Landsat ETM+ composited mosaics of the conterminous United States. Remote Sensing of Environment, 114(1): 35-49.

Running S W. 2008. Ecosystem disturbance, carbon, and climate. Science, 321(5889): 652-653.

Rußwurm M, Körner M. 2017. Temporal Vegetation Modelling Using Long Short-Term Memory Networks for Crop Identification from Medium-Resolution Multi-Spectral Satellite Images. Honolulu: Proceedings of the IEEE Conference on Computer Vision and Pattern Recognition Workshops.

Rußwurm M, Körner M. 2018. Multi-temporal land cover classification with sequential recurrent encoders. ISPRS International Journal of Geo-Information, 7(4): 129.

Rußwurm M, Körner M. 2020. Self-attention for raw optical satellite time series classification. ISPRS Journal of Photogrammetry and Remote Sensing, 169: 421-435.

Sakamoto T, Yokozawa M, Toritani H, et al. 2005. A crop phenology detection method using time-series MODIS data. Remote Sensing of Environment, 96(3-4): 366-374.

Sánchez B, Rasmussen A, Porter J R. 2014. Temperatures and the growth and development of maize and rice: A review. Global Change Biology, 20(2): 408-417.

Savitzky A, Golay M J E. 1964. Smoothing and differentiation of data by simplified least squares procedures. Analytical Chemistry, 36(8): 1627-1639.

Schmidhuber J, Hochreiter S. 1997. Long short-term memory. Neural Computation, 9(8): 1735-1780.

Schneider A, Mertes C M, Tatem A J, et al. 2015. A new urban landscape in East–Southeast Asia, 2000–2010. Environmental Research Letters, 10(3): 034002.

Schultz B, Immitzer M, Formaggio A R, et al. 2015. Self-guided segmentation and classification of multi-temporal Landsat 8 images for crop type mapping in Southeastern Brazil. Remote Sensing, 7(11): 14482-14508.

Schuster C, Förster M, Kleinschmit B. 2012. Testing the red edge channel for improving land-use classifications based on high-resolution multi-spectral satellite data. International Journal of Remote Sensing, 33(17): 5583-5599.

Schuster M, Paliwal K K. 1997. Bidirectional recurrent neural networks. IEEE Transactions on Signal Processing, 45(11): 2673-2681.

Senf C, Pflugmacher D, Van der Linden S, et al. 2013. Mapping rubber plantations and natural forests in Xishuangbanna (Southwest China) using multi-spectral phenological metrics from MODIS time series. Remote Sensing, 5(6): 2795-2812.

Seto K C, Fragkias M. 2005. Quantifying spatiotemporal patterns of urban land-use change in four cities of China with time series landscape metrics. Landscape Ecology, 20(7): 871-888.

Sexton J O, Song X P, Huang C, et al. 2013. Urban growth of the Washington, DC–Baltimore, MD metropolitan region from 1984 to 2010 by annual, Landsat-based estimates of impervious cover. Remote Sensing of Environment, 129: 42-53.

Sharifi A, Chiba Y, Okamoto K, et al. 2014. Can master planning control and regulate urban growth in Vientiane, Laos. Landscape and Urban Planning, 131: 1-13.

Shi Y, Skidmore A K, Wang T, et al. 2018. Tree species classification using plant functional traits from LiDAR and hyperspectral data. International Journal of Applied Earth Observation and Geoinformation, 73: 207-219.

Shimada M, Isoguchi O, Tadono T, et al. 2009. PALSAR radiometric and geometric calibration. IEEE Transactions on Geoscience and Remote Sensing, 47(12): 3915-3932.

Shoko C, Mutanga O. 2017. Examining the strength of the newly-launched Sentinel 2 MSI sensor in detecting and discriminating subtle differences between C3 and C4 grass species. ISPRS Journal of Photogrammetry and Remote Sensing, 129: 32-40.

Sicre C M, Inglada J, Fieuzal R, et al. 2016. Early detection of summer crops using high spatial resolution optical image time series. Remote Sensing, 8: 591.

Simonneaux V, Duchemin B, Helson D, et al. 2008. The use of high-resolution image time series for crop classification and evapotranspiration estimate over an irrigated area in central Morocco. International Journal of Remote Sensing, 29(1): 95-116.

Singha M, Dong J W, Zhang G L, et al. 2019. High resolution paddy rice maps in cloud-prone Bangladesh and Northeast India using Sentinel-1 data. Scientific Data, 6(1): 1-10.

Song X P, Potapov P V, Krylov A, et al. 2017. National-scale soybean mapping and area estimation in the United States using medium resolution satellite imagery and field survey. Remote Sensing of Environment, 190: 383-395.

Sothe C, Almeida C M, Liesenberg V, et al. 2017. Evaluating Sentinel-2 and Landsat-8 data to map sucessional forest stages in a subtropical forest in Southern Brazil. Remote Sensing, 9(8): 838.

Sripada R P, Heiniger R W, White J G,et al. 2006. Aerial color infrared photography for determining late-season nitrogen requirements in corn. Agronomy Journal, 97: 1443e1451.

Sun Z, Di L, Fang H. 2019. Using long short-term memory recurrent neural network in land cover classification on Landsat and Cropland data layer time series. International Journal of Remote Sensing, 40(2): 593-614.

Taubenböck H, Esch T, Felbier A, et al. 2012. Monitoring urbanization in mega cities from space. Remote sensing of Environment, 117: 162-176.

Torbick N, Chowdhury D, Salas W, et al. 2017. Monitoring rice agriculture across myanmar using time series Sentinel-1 assisted by Landsat-8 and PALSAR-2. Remote Sensing, 9(2): 119.

Torbick N, Ledoux L, Salas W, et al. 2016. Regional mapping of plantation extent using multisensor imagery. Remote Sensing, 8(3): 236.

Townshend J R G, Justice C O. 1986. Analysis of the dynamics of African vegetation using the normalized difference vegetation index. International Journal of Remote Sensing, 7(11): 1435-1445.

Townshend J R G, Justice C O, Kalb V. 1987. Characterization and classification of South American land cover types using satellite data. International Journal of Remote Sensing, 8(8): 1189-1207.

Trisasongko B H. 2017. Mapping stand age of rubber plantation using ALOS-2 polarimetric SAR data. European Journal of Remote Sensing, 50(1): 64-76.

Tucker C J. 1979. Red and photographic infrared linear combinations for monitoring vegetation. Remote Sensing of Environment, 8(2): 127-150.

Tucker C J, Townshend J R G, Goff T E. 1985. African land-cover classification using satellite data. Science, 227(4685): 369-375.

Turner D P, Ritts W D, Cohen W B, et al. 2003. Scaling gross primary production (GPP) over boreal and deciduous forest landscapes in support of MODIS GPP product validation. Remote Sensing of Environment, 88(3): 256-270.

Van Deventer A P, Ward A D, Gowda P H, et al. 1997. Using thematic mapper data to identify contrasting soil plains and tillage practices. Photogrammetric Engineering & Remote Sensing 63 (1): 87-93.

Verbesselt J, Somers B, Lhermitte S, et al. 2007. Monitoring herbaceous fuel moisture content with SPOT VEGETATION time-series for fire risk prediction in savanna ecosystems. Remote Sensing of Environment, 108(4): 357-368.

Verbesselt J, Zeileis A, Herold M. 2012. Near real-time disturbance detection using satellite image time series. Remote Sensing of Environment, 123: 98-108.

Vogelmann J E, Gallant A L, Shi H, et al. 2016. Perspectives on monitoring gradual change across the continuity of Landsat sensors using time-series data. Remote Sensing of Environment, 185: 258-270.

Vongpraseuth T, Choi C G. 2015. Globalization, foreign direct investment, and urban growth management: Policies and conflicts in Vientiane, Laos. Land Use Policy, 42: 790-799.

Vuolo F, Neuwirth M, Immitzer M, et al. 2018. How much does multi-temporal Sentinel-2 data improve crop type classification. International Journal of Applied Earth Observation and Geoinformation, 72: 122-130.

Waldhoff G, Lussem U, Bareth G. 2017. Multi-Data Approach for remote sensing-based regional crop rotation mapping: A case study for the Rur catchment, Germany. International Journal of Applied Earth Observation and Geoinformation, 61: 55-69.

Walker J J, De Beurs K M, Henebry G M. 2015. Land surface phenology along urban to rural gradients in the US Great Plains. Remote Sensing of Environment, 165: 42-52.

Walker J J, De Beurs K M, Wynne R H. 2014. Dryland vegetation phenology across an elevation gradient in Arizona, USA, investigated with fused MODIS and Landsat data. Remote Sensing of

Environment, 144: 85-97.

Wang D, Wan B, Qiu P, et al. 2018. Evaluating the performance of sentinel-2, landsat 8 and pléiades-1 in mapping mangrove extent and species. Remote Sensing, 10(9): 1468.

Wang Y, Li M. 2019. Urban impervious surface detection from remote sensing images: A review of the methods and challenges. Ieee Geoscience and Remote Sensing Magazine, 7(3): 64-93.

Wang Y, Zhang Z, Feng L, et al. 2021. A new attention-based CNN approach for crop mapping using time series Sentinel-2 images. Computers and Electronics in Agriculture, 184: 106090.

Wardlow B D, Egbert S L, Kastens J H. 2007. Analysis of time-series MODIS 250 m vegetation index data for crop classification in the US Central Great Plains. Remote Sensing of Environment, 108(3): 290-310.

Westra T, De Wulf R R. 2007. Monitoring Sahelian floodplains using Fourier analysis of MODIS time-series data and artificial neural networks. International Journal of Remote Sensing, 28(7): 1595-1610.

Woodcock C E, Allen R, Anderson M, et al. 2008. Free access to Landsat imagery. Science, 320: 1011.

Wulder M A, Masek J G, Cohen W B, et al. 2012. Opening the archive: How free data has enabled the science and monitoring promise of Landsat. Remote Sensing of Environment, 122: 2-10.

Wulf H, Stuhler S, 2015. Sentinel-2: land cover, preliminary user feedback on Sentinel-2a data. In: Proceedings of the Sentinel-2a expert users technical meeting, Frascati, Italy.

Xiao X, Boles S, Frolking S, et al. 2002. Observation of flooding and rice transplanting of paddy rice fields at the site to landscape scales in China using VEGETATION sensor data. International Journal of Remote Sensing, 23(15): 3009-3022.

Xiao X, Boles S, Frolking S, et al. 2006. Mapping paddy rice agriculture in South and Southeast Asia using multi-temporal MODIS images. Remote Sensing of Environment, 100(1): 95-113.

Xiao X, Boles S, Liu J, et al. 2005. Mapping paddy rice agriculture in southern China using multi-temporal MODIS images. Remote Sensing of Environment, 95(4): 480-492.

Xu G, Dong T, Cobbinah P B, et al. 2019a. Urban expansion and form changes across African cities with a global outlook: Spatiotemporal analysis of urban land densities. Journal of Cleaner Production, 224: 802-810.

Xu G, Jiao L, Liu J, et al. 2019b. Understanding urban expansion combining macro patterns and micro dynamics in three Southeast Asian megacities. Science of The Total Environment, 660: 375-383.

Xu J, Zhu Y, Zhong R, et al. 2020. DeepCropMapping: A multi-temporal deep learning approach with improved spatial generalizability for dynamic corn and soybean mapping. Remote Sensing of Environment, 247(2020): 111946.

Ye L, Keogh E. 2009. Time series shapelets: A new primitive for data mining. Bristol: Proceedings of the 15th ACM SIGKDD International Conference on Knowledge Discovery and Data Mining.

— 210 —

Ye L, Keogh E. 2011. Time series shapelets: A novel technique that allows accurate, interpretable and fast classification. Data Mining and Knowledge Discovery, 22(1-2): 149-182.

You N, Dong J. 2020. Examining earliest identifiable timing of crops using all available Sentinel 1/2 imagery and Google Earth Engine. ISPRS Journal of Photogrammetry and Remote Sensing, 161: 109-123.

Zakaria J, Mueen A, Keogh E. 2012. Clustering Time Series Using Unsupervised-Shapelets. Brussels: 2012 IEEE 12th International Conference on Data Mining.

Zeng L, Wardlow B D, Xiang D, et al. 2020. A review of vegetation phenological metrics extraction using time-series, multispectral satellite data. Remote Sensing of Environment, 237: 111511.

Zhang H, Lin H, Li Y, et al. 2016. Mapping urban impervious surface with dual-polarimetric SAR data: An improved method. Landscape and Urban Planning, 151: 55-63.

Zhang X, Friedl M A, Schaaf C B. 2006. Global vegetation phenology from Moderate Resolution Imaging Spectroradiometer (MODIS): Evaluation of global patterns and comparison with in situ measurements. Journal of Geophysical Research: Biogeosciences, 111(G4): 367-375.

Zhang X, Friedl M A, Schaaf C B, et al. 2003. Monitoring vegetation phenology using MODIS. Remote Sensing of Environment, 84(3): 471-475.

Zhang Y, Shen W, Li M, et al. 2020. Assessing spatio-temporal changes in forest cover and fragmentation under urban expansion in Nanjing, eastern China, from long-term Landsat observations (1987–2017). Applied Geography, 117: 102190.

Zhao H, Yang Z, Di L, et al. 2011. Evaluation of temporal resolution effect in remote sensing based crop phenology detection studies. Advances in Information and Communication Technology, 369: 135-150.

Zhao S, Liu S, Xu C, et al. 2018. Contemporary evolution and scaling of 32 major cities in China. Ecological Applications, 28(6): 1655-1668.

Zhao S, Liu X, Ding C, et al. 2020. Mapping rice paddies in complex landscapes with convolutional neural networks and phenological metrics . GIScience & Remote Sensing, 57(1): 37-48.

Zhong L, Gong P, Biging G S. 2014. Efficient corn and soybean mapping with temporal extendability: A multi-year experiment using Landsat imagery. Remote Sensing of Environment, 140: 1-13.

Zhong L, Hu L, Zhou H. 2019a. Deep learning based multi-temporal crop classification. Remote Sensing of Environment, 221: 430-443.

Zhong L, Hu L, Zhou H, et al. 2019b. Deep learning based winter wheat mapping using statistical data as ground references in Kansas and northern Texas, US. Remote Sensing of Environment, 233: 111411.

Zhong L, Yu L, Li X, et al. 2016. Rapid corn and soybean mapping in US Corn Belt and neighboring areas. Scientific Reports, 6(1): 1-14.

Zhou T, Li Z, Pan J. 2018. Multi-feature classification of multi-sensor satellite imagery based on dual-polarimetric Sentinel-1A, Landsat-8 OLI, and Hyperion images for urban land-cover classification. Sensors, 18(2): 373.

Zhou Y, Luo J, Feng L, et al. 2019. Long-short-term-memory-based crop classification using high-resolution optical images and multi-temporal SAR data. GIScience & Remote Sensing, 56(8): 1170-1191.

Zhu J, Pan Z, Wang H, et al. 2019. An Improved Multi-temporal and Multi-feature Tea Plantation Identification Method Using Sentinel-2 Imagery. Sensors, 19(9): 2087.

Zhu Z, Fu Y, Woodcock C E, et al. 2016. Including land cover change in analysis of greenness trends using all available Landsat 5, 7, and 8 images: A case study from Guangzhou, China (2000-2014). Remote Sensing of Environment, 185: 243-257.

Zhu Z, Wang S, Woodcock C E. 2015. Improvement and expansion of the Fmask algorithm: Cloud, cloud shadow, and snow detection for Landsats 4–7, 8, and Sentinel 2 images. Remote Sensing of Environment, 159: 269-277.

Zhu Z. 2017. Change detection using landsat time series: A review of frequencies, preprocessing, algorithms, and applications. ISPRS Journal of Photogrammetry and Remote Sensing, 130: 370-384.

Zhu Z, Woodcock C E. 2012. Object-based cloud and cloud shadow detection in Landsat imagery. Remote Sensing of Environment, 118: 83-94.

Zhu Z, Woodcock C E. 2014. Continuous change detection and classification of land cover using all available Landsat data. Remote Sensing of Environment, 144(1): 152-171.

Zhu Z, Woodcock C E, Olofsson P. 2012. Continuous monitoring of forest disturbance using all available Landsat imagery. Remote Sensing of Environment, 122(3): 75-91.